KB046887

South Pacific Tour

크루즈선으로 15개 섬 다녀온 이야기

남태평양 어떤 곳인가

김사백 지음

아침향기

Naha
Marcus Island
(JAPAN)
Tropic of Cancer
Okino-tori-shima
(JAPAN)
Philippine
Sea
Northern
Mariana
Islands
(U.S.)
Wake Island
(U.S.)
Saipan
Hagåtña
Guam
(U.S.)
Challenger Deep (world's greatest ocean depth, -10924 m)
FEDERATED STATES OF MICRONESIA
MARSHALL
ISLANDS
Koror
Majuro
PALAU
Palikir
CAROLINE ISLANDS
Halmahera
Tarawa
Equator
Yaren District
NAURU
Sorong
Ambon
Banda Sea
Jayapura
Wewak
New Ireland
PAPUA NEW GUINEA
Bougainville
SOLOMON
ISLANDS
New Guinea
Madang
Lae
New Britain
Solomon Sea
TUVALU
EAST
TIMOR
Arafura Sea
Honiara
Guadalcanal
Timor Sea
Port
Moresby
SANTA CRUZ
ISLANDS
Darwin
Gulf of
Carpentaria
Coral Sea
Islands
(AUSTRALIA)
Coral Sea
VANUATU
FIJI
Cairns
Port-Vila
KING LEOPOLD
RANGE
GREAT
DIVIDING
RANGE
New
Caledonia
(FRANCE)
Townsville
Mount Isa
Mackay
Noumea
MACDONNELL RANGE
Rockhampton
Gladstone
Alice Springs
AUSTRALIA
SIMPSON
DESERT
Brisbane
Gold Coast
NEW CALEDONIA BASIN
LORD HOWE RISE
Kingston
Norfolk Island
(AUSTRALIA)
GREAT VICTORIA
DESERT
Lake Eyre
(lowest point in Australia, -15 m)
FLINDERS RANGE
Broken
Hill
Lord Howe Island
(AUSTRALIA)
Whyalla
Newcastle
Sydney
Adelaide
Canberra
Wollongong
Great Australian
Bight
Bendigo
Mount Kosciuszko
(highest point in Australia, 2229 m)
Tasman
Sea
Auckland
Hamilton
Geelong
Melbourne
NEW
ZEALAND
Bass
Strait
Wellington
Indian
Ocean
Hobart
Tasmania
Christchurch
South Island
Invercargill
Dunedin

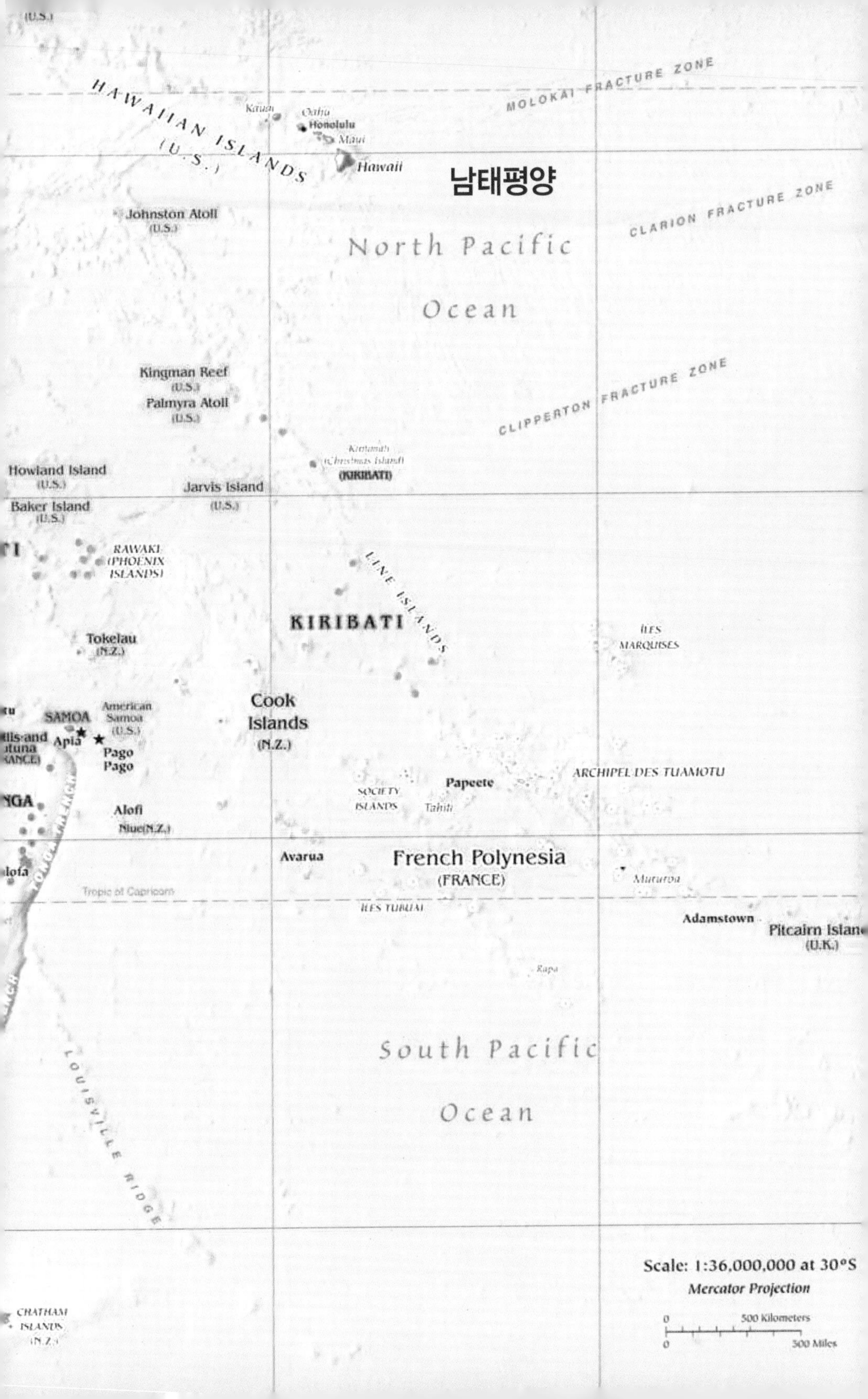
남태평양
HAWAIIAN ISLANDS (U.S.)
Kauai
Oahu
Honolulu
Maui
Hawaii
MOLOKAI FRACTURE ZONE
Johnston Atoll (U.S.)
North Pacific Ocean
CLARION FRACTURE ZONE
CLIPPERTON FRACTURE ZONE
Kingman Reef (U.S.)
Palmyra Atoll (U.S.)
Howland Island (U.S.)
Baker Island (U.S.)
Jarvis Island (U.S.)
(KIRIBATI)
RAWAKI (PHOENIX ISLANDS)
LINE ISLANDS
KIRIBATI
ÎLES MARQUISES
Tokelau (N.Z.)
Cook Islands (N.Z.)
SAMOA
American Samoa (U.S.)
Apia
Pago Pago
Alofi
Niue(N.Z.)
SOCIETY ISLANDS
Papeete
Tahiti
ARCHIPEL DES TUAMOTU
Avarua
French Polynesia (FRANCE)
Mururoa
Tropic of Capricorn
ÎLES TUBUAI
Adamstown
Pitcairn Island (U.K.)
Rapa
South Pacific Ocean
LOUISVILLE RIDGE
CHATHAM ISLANDS (N.Z.)
Scale: 1:36,000,000 at 30°S
Mercator Projection
0 500 Kilometers
0 300 Miles

15개 섬 경유지

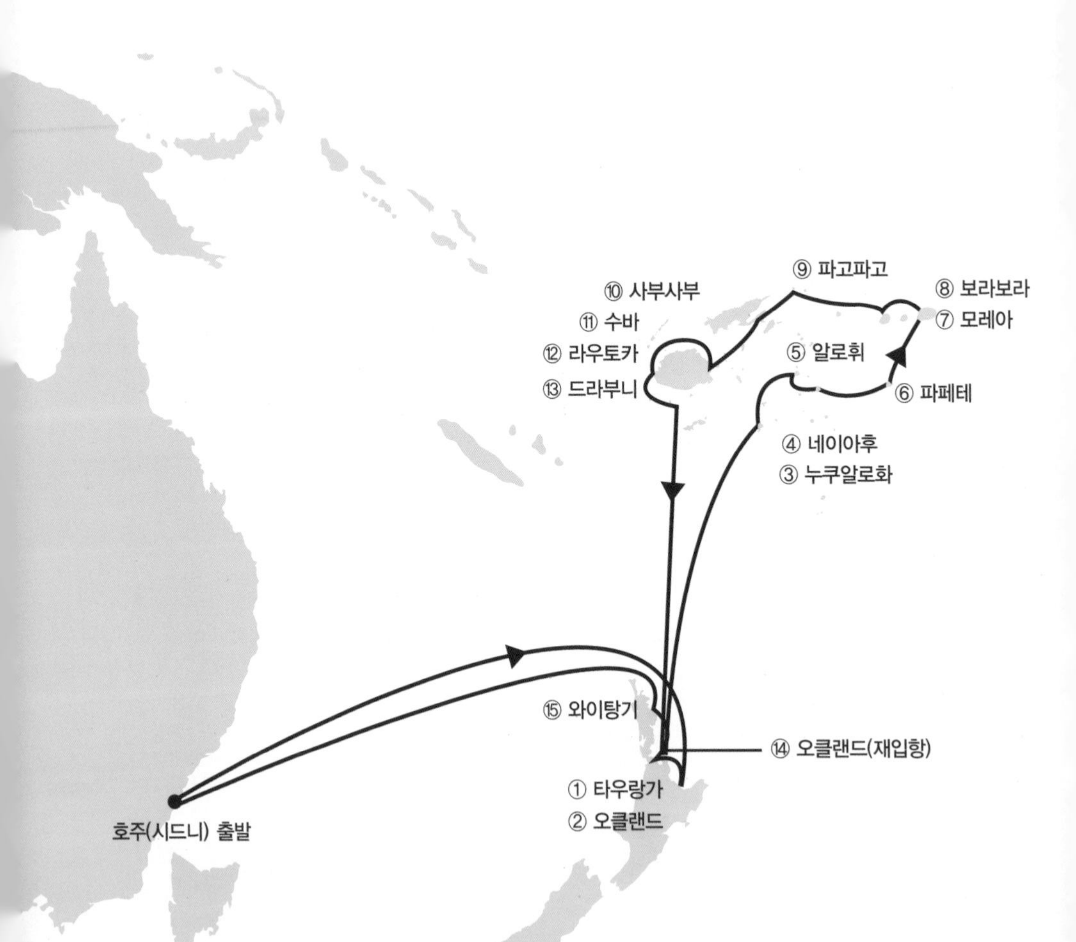
⑩ 사부사부
⑨ 파고파고
⑧ 보라보라
⑦ 모레아
⑪ 수바
⑫ 라우토카
⑤ 알로휘
⑬ 드라부니
⑥ 파페테
④ 네이아후
③ 누쿠알로화
⑮ 와이탕기
⑭ 오클랜드(재입항)
① 타우랑가
② 오클랜드
호주(시드니) 출발

목차

머리말

바다는 메워도 사람의 욕심은 못 채운다는 격언이 있다. 사람의 욕심은 한이 없다는 뜻이다. 한편으로 이 말은 바다는 아주 크고 넓다는 말일 것이다. 바다는 지구 면적의 약 70.8 퍼센트를 차지하고 있으며 그 넓이가 3억 6천 100만 제곱 킬로미터 쯤 되고 평균 깊이는 3,800미터이다. 남태평양은 약 25,000개의 섬이 세계에서 제일 큰 바다에 흩어져 있다. 이 섬들은 천혜의 자연환경과 쾌적함을 갖고 있으며 아름다운 휴양시설을 개발하여 최고의 휴양지로 알려져 있다. 지상낙원이라는 말이 과언이 아니다. 남태평양을 꿈에 그리는 휴가철의 행선지라고 하는 것은 원시 그대로의 청정지역으로 순수하고 아름다운 자연이 있기 때문이다. 고립된 섬의 긴백사장에 비치타월을 깔고 누워서 파도가 불어치는 소리를 자장가로 삼고 코코넛 떨어지는 소리를 배경 음악 삼아 낮잠을 즐기는 것을 상상해 보라!

이와 같은 열대 낙원이라고 할 수 있는 관광지는 프렌치 폴리네시아와 피지에는 있으나 대부분의 섬들은 솔로몬군도와 같이 지구상에서 가장 멀리 고립되어 있는 섬들이다. 거리가 너무 멀어서 관광객이 가기에 너무나 힘이 들기에 가는 사람이 거의 없다. 이런 곳에 가려면 지방 항공기나 배로 가야 하는 데 비용이 많이 들고 또 시간이 많이 걸린다. 그래서 크루즈 여행이 안전하고 좋은 방법이다.

우리의 크루즈선 여정은 다음과 같았다. 2017년 11월 22일 호주 시드니 항구에서 아침 6시 30분에 출발하여 3일간의 항해 후에 뉴질랜드의 타우랑가에 아침 8시에 도착했다. 크루즈선은 항구에 아침에 입항했다가 출항은 저녁에 한다. 다음 날에는 오클랜드에 갔다가 이틀간을 항해하여 통가의 누쿠알오화에 도착했다. 통가는 남태평양에서 식민지 지배를 받지 않은 유일한 독립국가이다. 다음날 아침 통가의 네이아후 항구에 입항하고 저녁에 떠나서 알로휘에 갔다. 이곳을 출발하여 3일간의 항해를 하여 동쪽 끝에 있는 프렌치 폴리네시아, 타히티 섬, 파페에테 항구에 12월 8일 아침에 도착했다. 그리고 다음 날부터 모레아, 보라보라를 관광한 후에 서쪽으로 방향을 돌려 아메리칸 사모아를 2일간의 항해 후에 도착했다. 사모아를 출발하여 날짜 변경선을 지나서 12월 13일에 피지에 왔다. 피지에서는 사부사부, 수바, 라우토가, 드라부니섬 네 곳을 차례로 관광했다. 다시 2일간 항해하여 뉴질랜드 오클랜드 항구에 아침에 도착했다. 마지막 저녁에 와이탕기 섬을 출발하여 호주 시드니 항구에 돌아옴으로 크루즈 여정을 12월 23일에 끝마쳤다.

서구인들은 일찍부터 바다에 관심이 많았다. 크레타섬을 중심으로 에게해에서 일어났던 전쟁 이야기를 뒷날 호머가 기원전 13세기에 지은 것으로 전해지는 서사시 일리아드와 오디세이에는 바다에 관한 모험과 미지의 세계에 대한 도전 정신이 들어있다. 이 사상은 그리스 로마를 거쳐 서구 문명 발달에 기여했고 세계를 지배하게 되었다. 지금도 유럽에서는 초등학교부터 호머의 서사시를 배우고 일리아드와 오디세이를 모르는 국민이 없다고 한다. 우리 한국을 비롯한 동양에서는 바다는 생소하고 위험한 곳이라는 인식이 있어 바다에 대하여 별로 알려진 것이 없고 관심도 적다. 이것은 대륙 문화권에 속하기 때문일 것이다. 유럽의 해양국가 선두 주자인 영국, 스페인, 포르투갈은 대항해시대에 앞다투어 바다에 진출하여 많은 곳을 선점했다. 오랫동안 북반구에만 살아온 사람들은 남반구에 대하여 근대 이전까지는 잘 알려져 있지 않았다. 특히 남태평양에 대하여는 생소하였다.

나는 캐나다에서 5년, 미국에서 40년을 살면서 시간나는 대로 여행을 다녔다. 동서 유럽, 북유럽, 스페인, 포르투갈, 모로코, 그리스, 터키, 발칸반도, 동남아, 중국, 일본 등 해외여행을 많이 했다. 이 나라들에 대한 인상을 한마디로 표현하면 역사와 건물의 유럽, 향수의 나라 스페인과 포르투갈, 격동의 나라들 발칸반도, 산수의 나라 중국, 정원 같은 일본, 낭만의 동남아, 바다가 아름다운 카리브해, 빙하의 알래스카, 그리고 지상낙원 남태평양 이라고들 한다. 나이가 들어서는 크루즈 여행으로 캐리비안, 동남아, 알래스카를 다녀 왔고 최근에 남태평양 여행을 하였다. 유럽 등 적도 북쪽 지역에 대하여는 잘 알려져 있지만 남태평양에 대하여 알려진 것이 적은 것으로 생각되어 내가 본 대로 느낀 대로 이 여행기를 썼다. 비교적 최근에 다녀와서 기억이 아직 생생하게 남아있어 글 쓰는데 도움이 되었으며 사진도 될 수 있는 대로 많이 넣어서 이해하는데 쉽도록 하였다. 처음 쓰는 글이라 표현이 어색하고 매끄럽지 못한점과 내용 중에 잘못된 것이 있으면 독자들의 양해를 구하는 바이다.

2019년 8월
실비치에서
김사백

홀랜드 아메리카 크루즈여행

홀랜드 아메리카 크루즈 여행

남태평양을 가보려고 나는 몇 년 전부터 남태평양에 관한 책을 보면서 준비를 하였다. 이 섬 저 섬 돌아다니면서 야자수 그늘이 있는 열대의 흰 모래 해변을 걸어 보고 싶었다. 그러나 나이가 많고 건강이 염려되었고 또 아내가 질색하였다. 그래서 비용은 많이 들지만 숙박과 식사 등 모든 것이 걱정이 없고 옮겨 다닐 때마다 무거운 짐을 들고 다녀야 하는 불편함이 없는 크루즈 여행을 하기로 하였다. 남태평양 크루즈 관광은 두서너 개의 섬을 가는 크루즈 선은 많이 있지만 한 번에 많은 섬을 돌아다니면서 관광하는 크루즈 투어는 많지 않다. 그런데 재작년 초에 홀랜드 아메리카 크루즈선이 호주 시드니 항에서 출발하여 남태평양 15 개 섬을 한 달간 일주하고 돌아오는 코스였다.

처음 시작은 2009년 알래스카 크루즈 여행이었다. 우리는 미시간주 앤 아버의 딸 집 가까운 곳에 살면서 주말에만 두 외손자 벤(Ben)과 톰(Tom)을 돌보아주고 있었다. 딸과 사위는 휴가 때마다 아이들을 데리고 여행을 많이 다니는데 그해 겨울에는 멕시코 칸쿤으로 휴가를 갔다. 미시간주는 오대호 중간에 있어서 겨울에는 유별나게 춥고 눈도 많이 온다. 그러다가 갑자기 멕시코 따뜻한 날씨에 파란 바다와 흰 모래 해변이 있는 곳에 오니 손자들은 딴 세상에 온 듯했고 세상에 이런 곳도 있나 했을 것이다. 그런데 6살 먹은 둘째 손자 톰이 자기 어머니와 아버지를 보고 하는 말이 "할머니와 할아버지도 같이 왔으면 좋았을 것을"이라고 말했다고 한다. 이 말을 들은 딸과 사위가 충격을 받아 집에 돌아오자 즉시 알래스카 크루즈 여행을 온 가족이 함께 가기로 예약을 했다. 다음 휴가 때 알래스카 유람선 여행을 함께 하였다. 어린 놈이 어떻게 그런 생각을 했는지 모르겠다. 손자 덕에 처음으로 크루즈 여행을 하였다. 우리가 십여 년 동안 손자들을 돌봐주고 있었는데 둘 다 모두 착하고 우리를 많이 따랐다. 벌써 큰 손자는 금년에 대학에 들어갔다. 한국말을 잘하고 우리에게 한글로 편지를 쓴다. 한번 크루즈 여행을 하여보니 나이 든 사람일수록 크루즈 여행이 좋겠다고 생각되었다. 그후 카리브의 크루즈 여행과 동남아 크루즈 그리고 이번 남태평양 크루즈 여행이 네 번째이다.

2017년 11월 20일 우리는 호주 시드니 행 델타 항공기에 올라 밤 11시 20분 로스앤젤레스 공항을 출발했다. 호주까지의 거리는 7,488마일 (11,980 킬로미터)이고 13시간을 비행하여 현지 시각 아침 9시 15분 시드니 공항에 도착했다.

날짜 변경선을 지나서 가기 때문에 하루가 빨라져서 오늘이 11월 22일이다. 짐을 찾아서 공항 대기실에 나가니 홀랜드 아메리카 크루즈선 회사 직원들이 나와서 우리를 기다리고 있었다. 안내를 따라 크루즈선 전용 버스가 있는 곳까지 가서 버스를 탄 후에 크루즈선이 정박해 있는 항구를 향해서 떠났다. 내가 이곳 시드니에 온 것은 두 번째이다. 2013년 형님과 둘이서 동남아 유람선 여행을 했는데 그때도 이곳 시드니 항구에서 떠났다. 형님은 여행을 마치고 얼마 있지 않아 돌아가셨다. 형님 생각이 많이 난다. 우리가 타고 갈 크루즈선이 정박하고 있는 시드니 화이트 베이 크루즈 터미널 (White bay cruise terminal)을 향해서 버스는 가고 있다. 시드니의 명물인 하버 브리지도 지나서 한참가니 우리가 타고 갈 크루즈선의 위용이 앞에 보인다. 멀리서 보아도 웅장하다. 크루즈선이 있는 곳은 바다가 육지로 깊숙히 들어간 아늑한 만이다. 주위를 산들이 둘러싸고 있는 천혜의 항구이다.

시드니 오페라 하우스

베이부리지와 오페라 하우스

시드니 항구는 남태평양의 모든 섬을 연결하는 중심 항구이며 각종 선박은 이곳을 거쳐 간다. 또한 시드니항구는 이탈리아의 나폴리와 브라질의 리오 데자이네로항구와 더불어 세계 3대 미항 중의 한 곳이다. 우리가 탄 버스는 크루즈선이 정박해 있는 선창에 도착했다.

홀랜드 아메리카 크루즈선

크루즈선에서 바라보는 시드니 항구

선창에는 큰 터미널 건물이 있다. 우리는 대합실 안으로 들어가서 승선 수속을 하였다. 짐 가방은 선실 번호가 적힌 꼬리표가 붙어 있어 우리 방까지 배달해준다. 홀랜드 아메리카 항로 (Holland America line)의 역사는 17세기 초에 헨리 허드슨 (Henry Hudson)이 데 할브 매엔 (de Halve Maen)이라는 작은 배로 네덜란드에서 출발하여 대서양을 가로질러 가는 긴 항로를 개척함으로써 뉴욕을 비롯한 미국 내의 식민지 획득의 시작을 예고했다. 그 후 수 세기 동안 대서양에서의 홀랜드 아메리카 선박의 활약이 많았다. 그중에서도 니어우 암스테르담 (Nieuw Amsterdam II)은 1938년부터 1973년까지 운항하면서 화려한 유람선을 대표하는 배 중의 하나였다. 홀랜드 아메리카 배들이 지난 몇 세기 동안 해로 여행의 선구자로서의 전통을 이어왔다. 또한 홀랜드와 아메리카의 우정도 이어오고 있다.

현대 홀랜드 아메리카 라인의 호화 유람선들이 전 세계의 바다에서 운항하고 있는 것은 14척이라고 한다. 내가 타고 가는 이 유람선은 마스담 (MS Mass dam) 호이다. 배의 길이가 240m, 너비가 33m 동력은 5개의 디젤 전기 엔진이 있고 총 동력은 57,909마력 (HP) 이다. 연료의 용적은 860,000갤런이며 85갤런으로 1마일 (1.6 킬로미터) 간다. 음료수 소비량은 하루에 174,000갤런이다. 승객은 1,250명이고 승무원은 600명이 넘는다고 한다.

승선 수속

시드니 항구 터미널 건물은 크고 내부도 넓었다. 이곳에서 승선 절차를 마치면 배 안으로 직접 들어가게 된다. 공항에서 탑승 절차를 하는 것과 같이 카운터가 여러 개가 있어 순서대로 승선 수속을 하게 된다. 첫째로 승선 패스를 보여주고 배 안에서 사용할 신분증을 만들기 위하여 얼굴 사진을 찍는다. 이 카드에는 신상 정보가 들어가 있으며 배 안에서 쓰는 모든 비용을 이 카드로 결제한다. 또 선실 문 열쇠로도 사용하며 배 밖으로 나가고 들어올 때 이 카드가 있어야 한다. 여권은 회수하고 보관증을 준다. 여권을 회수하여 보관하는 이유는 배가 여러 나라의 항구에 입항할 때 승객들에 대한 형식상의 입국 심사를 위하여 여권을 준비해 두어야 한단다. 그러므로 운전 면허증이나 정부가 발행한 사진이 들어 있는 신분증을 반드시 갖고 있어야 한다. 배 밖에 나갔다가 들어올 때 그 나라의 세관원들이 신분을 확인하고 들여 보내는 때도 있다. 또 카운터 직원이 배탈이 나지 않았느냐 아픈 데가 있느냐고 질문을 한다. 우리는 수속을 마치고 긴 구름 다리를 건너서 배 안으로 들어갔다.

선실

크루즈선의 승객 방을 스테이트 방 (state room)이라고 하며 일류 호텔 방과 같이 모두가 특등실이다. 그러나 방의 위치와 창문이 있느냐에 따라서 가격 차이가 있다. 여러 사람이 함께 지낼 수 있는 스윗 룸 (Suite Room)이 제일 비싸고 베란다가 있는 선실이 다음으로 비싸다. 그리고 오션뷰 (Ocean-View)는 창문은 있으나 창문을 열 수가 없는 방이다. 제일 가격이 저렴한 방은 배 안쪽에 있는 선실 (Interior State Room)인데 창문이 없어 밖을 내다 볼 수 없다. 우리 방은 6층 중간에 있다. 방에 들어서자 앞에 바다가 시원스럽게 보인다.

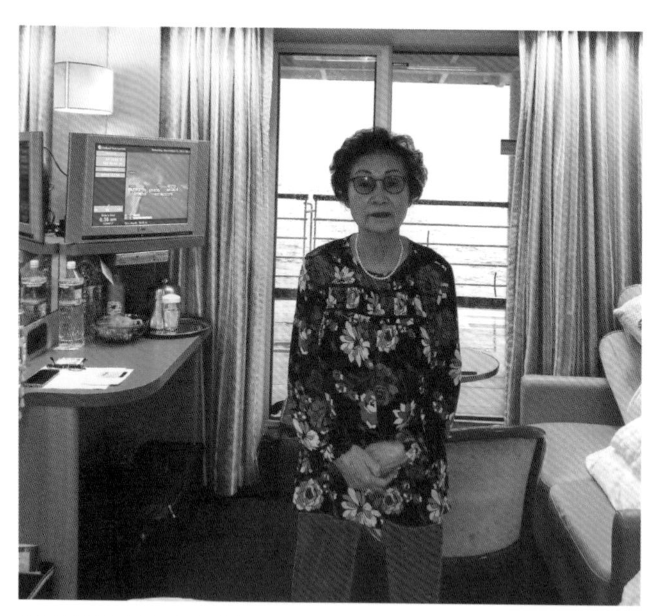

우리 방에서 찍은 아내 사진

넓은 유리문이 있어 방안이 환하다. 미닫이 유리문(Sliding door)은 천정에서 바닥까지 닿는 넓은 문이다. 문 옆에 있는 단추를 누르면 자동으로 열리고 밖에 나갔다가 들어올 때는 카드 열쇠를 문 옆에 있는 감지기(Sensor)에 대면 열린다. 또 문 유리를 특수 처리를 하여 안에서 밖을 내다볼 때는 보통 유리지만 밖에서는 문 유리가 거울같아서 방안을 들여다 볼 수 없다.

선실 밖에서 안을 들여다보고 내가 찍은 사진
유리문이 거울과 같다

문에는 커튼도 얇은 것과 두꺼운 것으로 두 겹이나 처져 있다. 우리 방에서 바다를 내다보는 전망은 아주 좋다. 바다가 눈 아래로 가까이 보여 해변에 와 있는 것 같다. 문을 열고 나가면 갑판이 있고 문 옆으로는 긴 의자가 두 개 놓여있다. 그 앞은 배 난간이다.

식당

만찬을 하는 메인 다이닝룸

이 배에는 식당이 네 곳에 있다. 편안하게 마음대로 골라 먹을 수 있는 리도(Lido) 뷔페식당이 11층에 있다. 7층과 8층에 있는 메인 다이닝룸 (Main dining Room)에서는 5코스 정찬을 매일 먹을 수 있다.

홀랜드 아메리카의 음식은 신선한 농산물과 최고 품질의 육류와 해산물을 사용하여 네덜란드와 미국의 대표적인 요리를 만든다고 한다. 주방장도 경험이 많은 최고 수준의 요리사이고 혁신적인 봉사로 기억에 남는 식사를 맛볼 수 있다고 자랑

한다. 동양 음식으로는 중국요리와 일본 요리가 있고 스시는 매일 나오고 한국 불고기도 가끔 나온다. 식당에 가기 싫으면 방에서 주문하면 선실로 배달해 준다. 점심이나 저녁 식사 시간은 보통 두세 시간 동안 문을 연다. 샌드위치나 케이크 같은 간단한 음식은 아무 때나 먹을 수 있다.

수영장 옆에서도 식사를 할 수 있다.

바다와 수영장을 보면서 식사하는 식탁들

뷔페식당에서 과일과 케이크 빵 같은 것은 각자가 접시에 담아 가지만 육류와 해산물로 조리된 음식은 얼마만큼 달라고 하면 유리로 막혀있는 진열대 안에서 요리사가 접시에 담아 건네준다. 계란후라이와 샌드위치, 햄버거, 타코 등도 즉석에서 만들어준다. 베이컨, 옥수수, 핀 토빈 등 콩류와 당근 수프도 유리 칸막이 안에서 그릇에 담아준다. 뷔페 식당에서는 평상복을 입지만 갈라 나이트(Gala Night)라 고 하는 축제 날에는 신사복을 입고 와이셔츠에 넥타이를 매야 한다.

비상훈련

홀랜드 아메리카 크루즈는 비상시의 행동 요령을 알고 있는 것이 승객의 안전에 중요하다고 생각하여 크루즈 배가 출발하기 전에 모든 승객이 비상훈련에 참여해야 한다. 비상훈련에 참여하지 않는 승객은 승선이 거부된다고 한다. 객실 출입문에는 안전 지침이 부착되어 있으며 안전지침에는 승객별 지정 구명정과 스테이션 구명조끼 착용 방법이 설명되어있다. 또한 승객별 대피 장소의 번호가 선내 ID 카드에도 표시되어있다. 홀수 번호 1, 3, 5번은 선박의 오른쪽 갑판이고 짝수 번호 2, 4, 6은 선박 왼쪽에 있는 갑판에 있다. 비상사태가 발생하면 선내 방송의 지시에 따라 객실로 들어가서 대기하고 있다가 선내의 안내 방송을 통해 전달되는 경보가 짧게 7번 길게 한번 울리면 지정된 구명정이 있는 갑판에 간다. 구명조끼는 객실 옷장 위에 비치되어있다. 지정된 갑판에 도착하면 구명정 선장은 승객의 이름을 호명하고 객실번호를 기록하고 확인을 한다.

크루즈선 양옆에 매달려 있는 구명정

갑판에서 승무원들의 지시에 따라 구명정 선장이 모든 승객의 정보를 기록 할 수 있도록 조용히 기다린다. 그리고 구명정에 대하여 설명하고 구명조끼 착용법을 설명한다. 구명정은 전기가 끊어져도 바다에 내려놓을 수 있다고 한다. 모든 구명정에는 임시 보급품이 적재되어 있으며 구조선이 쉽게 발견 할 수 있는 장치가 되어 있다고 한다.

남태평양
South Pacific

chapter 02

남태평양

금빛 모래 해변, 하늘 높이 솟은 야자수, 코발트 색으로 빛나는 바다에는 산호섬들이 점점이 떠있고 파도가 암초에 부딪혀서 물보라를 날린다. 파란 산들과 멀리 펼쳐진 수평선을 따라 뭉실뭉실 솟아오르는 새하얀 구름, 햇빛은 포근하고 열대식물은 풍부한 색채로 빛난다. 이곳이 천국과 가장 가까운 곳이고 지상 낙원이라 한다. 전 세계 여행객들의 꿈의 행선지다. 해양성 기후에 온화한 날씨로 야생상태 그대로의 아름다운 자연을 간직하고 있다. 남태평양은 적도 밑으로 멜라네시아 (Melanesia)와 폴리네시아 (Polynesia)가 있는 광대한 지역을 차지하고 있다. 멜라네시아의 뉴칼레도니아가 있는 서쪽에서 동쪽 폴리네시아의 타히티까지의 거리는 12,000킬로미터나 된다.

역사

남태평양에서 사람이 살게 된 시기는 약 5만 년 전이다. 동남아시아 사람들이 인도네시아 반도를 거쳐 내려와서 태평양의 섬들 중에서 제일 처음으로 도착한 곳은 뉴기니아(New Guinea)이다. 이들이 지금 파푸아(Papua 뉴기니 남동부섬)사람이다. 이들은 또한 오스트레일리아의 일부 지방의 사람들과도 같은 조상이다. 약 25,000년 전에는 이들이 서서히 동쪽으로 이동하다가 솔로몬(Solomon) 군도 북쪽에서 멈춰 섰다. 그 이유는 그 사람들이 가진 작은 배로는 광활한 바다를 건너갈 수 없었기 때문이다. 그 후에 오스트레일리아인이 집단적으로 이동하여 이 지역에 들어와서 뉴기니아 사람들과 혼합되었다. 그리하여 드디어 멜라네시안(Melanesian's)이라고 하는 종족이 생겨났다. 적도 가까이 있는 뉴기니아와 솔로몬 군도는 태평양의 많은 섬 중에서 사람이 살기 시작한지 불과 수천 년 밖에 되지 않는다. 그전에는 무인도였다.

기원전 1,500년 경에 현재 라피타(Lapita)라고 불리는 사람들이 먼 바다를 항해할 수 있는 기술을 개발하여 솔로몬에서 바누아투(Vanuatu)까지의 넓은 바다를 항해하여 뉴칼레도니아(New Caledonia) 까지 왔다. 그리고 피지, 통가, 사모아 쪽으로 급속히 퍼져 나갔다. 이들이 지금의 폴리네시아인들이다.

포경선

18세기 말부터 유럽인들이 태평양에서 열광적으로 고래잡이를 했다. 이 포경업이 절정에 달한 때는 19세기 중엽이며 그 후 고래의 산출물이 다른 물질로 대체되면서 포경업은 쇠퇴하기 시작했다. 그 결과 고래의 개체수는 늘어났으나 반면 태평양의 섬 주민들에게는 복잡한 일이 벌어졌다. 포경 선원들은 돈벌이를 대신할 방법으로 섬 사람들을 포경선으로 싣고 다녔고 섬사람들도 교통수단으로 이 배를 많이 이용했다. 그 결과는 매우 비참했다. 포경선 선원들이 섬사람들을 납치하여 노예로 팔았다. 태평양에서 고래잡이를 하는 사람들 가운데 나쁜 사람이 많이 있었다.

1851년 고래잡이를 소재로 한 유명한 소설인 "모비 딕"(Moby Dick)이 출판되었다. 이 소설은 저자 헤르만 멜빌(Herman Melville)이 남태평양 타히티 등지에서 4년 가까이 살면서 보고 들은 것들을 소재로 남태평양에 관한 소설을 많이 썼다. 그중에 모비 딕이 걸작이다. 이 소설은 그가 포경선의 선원으로 일한 경험을 토대로 고래잡이 배의 사람들 이야기이다. 폴리네시아 식인종의 후예가 고래잡이 선원이 되어 작살로 거대한 고래를 찔러서 잡는 이야기와 좀처럼 잡히지 않고 절대적 힘을 가진 흰고래를 비법을 써서 잡는다는 등의 고래와 사투를 벌이는 장면이 생생하게 잘 묘사되어 있는 작품이다. 이 소설은 나중에 영화로도 만들어졌다.

어업

태평양에서 상업적인 어선들이 1년에 잡는 고기는 100 만 톤에 가깝다. 이것은 전 세계 어획량의 절반 정도이다. 많은 사람이 광대한 태평양에는 고기가 무한정으로 있어 얼마든지 잡아도 된다고 믿고 있다. 이와 반대로 계속해서 고기를 많이 잡으면 고기의 수량이 줄어든다고 주장하는 사람도 있다. 유엔(UN)의 조사 결과 전세계적으로 어선들이 잡는 어획량은 벌써 원상태로 회복되는 한계를 초과했으므로 지속적으로 많이 잡으면 안된다고 한다. 생태환경과 경제적으로 이미 피해가 나타나고 있다. 이 외에도 또 다른 문제들이 있다. 세계적으로 밀어(허가없이 물고기를 잡는 것)로 잡는 고기가 매년 약 3 천만 톤 이라고 한다. 돌고래, 상어, 거북 등 잡아서는 안 되는 어류를 잡아서 헐값에 팔고 있어 그 개체수가 감소하고 있다. 또 법적으로 금지된 2.5킬로미터가 넘는 그물로 남획을 하는 배들도 있다. 가끔 어망에 감긴 고래가 바닷가에서 발견된다. 끊어진 어망이 바닷속을 떠다니다가 고래에 감긴 것이다. 또한 떠다니는 찢어진 어망으로 인하여 많은 피해를 입고 있다.

태평양 전쟁

1차 세계대전은 태평양에 별로 영향을 주지 않았다. 독일의 식민지인 마이크로네시아, 사모아, 그리고 나우루를 일본이 점령하는 것과 독일이 유럽에서 여러 나라를 점령하는 것을 서로 교환했으므로 전쟁이 일어나지 않았다. 독일은 유럽에 전력을 집중해야 했으므로 군이 태평양의 식민지를 붙잡고 있지 않으려고 하였다. 영국은 뉴질랜드와 호주에서 식민통치를 하는 중이었으며 미국은 개입하지 않았다. 정반대로 2차 세계 대전 중에는 태평양이 주요 전투 지역이었다. 특히 마이크로네시아 지역에서 치열한 전투가 벌어졌다. 처음에는 일본군이 무인도가 대부분인 마이크로네시아 남쪽 지역으로 확장해 나가고 1942년에는 솔로몬 군도를 점령했다. 남쪽으로 더 나아가기 위하여 과달카날(Guadalcanal : 이곳은 지금 헨디슨 공항이다)에 비행장을 건설하기 시작했다. 연합국의 군대는 이것을 저지하기 위하여 막강한 힘으로 이곳을 집중적으로 공격하였다. 치열한 전투가 전개되어 많은 부상자와 사망자가 속출하였다. 60척이 넘는 함선이 주위의 바닷속에 가라앉았다. 1944년부터는 미군과 오스트레일리아군이 완강히 방어하는 일본군을 이섬에서 저섬으로 차례로 점령하였다.

또 마리아나(Mariana)에 있는 비행장의 폭격기들은 원자 폭탄이 투하될 때까지 10개월 동안 일본 본토의 도시를 폭격했다. 1945 년 8

월 6일 티티안 (Titian : 마리아나 북쪽에 있는 섬) 섬에서 출발한 에노라 게이 (Enola Gay) 폭격기가 히로시마에 원자 폭탄을 투하하고 다음 날에 또 하나를 나가사키에 투하했다. 그리고 태평양 전쟁이 끝났다.

태평양 전쟁으로 인하여 그섬 주민들에게 막대한 피해를 주었으며 그들은 아무 이유 없이 고통을 당했다. 태평양 전쟁이 끝난 후에 이 지역에 끼친 영향으로는 일본의 식민지 마이크로네시아를 미국이 접수하였으며 태평양의 다른 섬들은 신탁 통치를 하였다. 또 전쟁 후에 남태평양의 많은 섬에서 도로와 사회적 생산기반이 개선되었으며 개발 자금이 투입되고 식량과 생활필수품의 원조로 생활 향상에 기여를 하였다. 그리고 2차 세계 대전 후 태평양에서 전통적인 "식민주의"를 종식시키는 일을 서두르게 하였다. 특히 태평양 전쟁 후에 이 지역에서의 주목할 만한 변화로는 전쟁 중에 미군 병사인 백인과 흑인들간의 자질이 같다는 것을 보고 그들이 각성하게 되었다. 왜 지금까지 자신들이 영국과 프랑스에 비굴하였는가 하는 의문을 갖게 되었다. 독립국의 지도자들은 전쟁 경험에서 영향을 받은 사람이 많다.

제임스 미치너(James A. Michener)는 태평양 전쟁이 발발하자 40세 나이에 해군에 입대하여 남태평양의 황홀한 자연을 체험했다. 해군 소령으로 임관하여 해군의 역사학자로 남양의 여러 섬의 문화를 연구 조사하던 중에 프랑스령의 뉴 카레도니아에서 타고 있던 비행기가 추락하였으나 살아남았다. 치명적인 사고인데도 불구하고 살아남은 후에 그의 인생에 큰 변화가 생겨서 작가의 길로 가게 되었다. 이때의 경험을 소재로 하여 쓴 소설이 "남태평양 이야기"(Tales of south pacific) 이다. 이 소설의 첫머리는 다음과 같이 시작한다.

[내가 남태평양에 대하여 말해주려고 한다. 끊임없이 펼쳐진 바다, 그 많은 산호섬, 코코넛, 야자수가 바다를 향해 우아하게 끄덕인다. 파도가 산호초에 부딪쳐서 물 보라를 일으키고 형용할 수 없는 아름다운 라군, 정글 속은 너무 더워 땀이 흘러내린다. 화산 뒤로 떠오르는 보름달, 그리고 기다리고 또 기다리는 지루한 시간의 연속, 남태평양에 관하여 이야기 할 때마다 사람들이 언제나 궁금해하는 것은 헤브리이드(Hebrides)들이 어떤 사람들인가, 그리고 늙은 톤킨(Tonkinese) 여인이 사람의 머리를 50달러!에 선물로 팔고 있었다는 것. 그리고 내가 하나님께 버림받아(God forsaken) 타락해 버린 세계를 쓸어버리는 것을 묘사하기 전에, 나는 일본인들 사이에 사는 사람, 그리고 그들의 동향을 우리에게 알려주었다. 또 어떤 사람은 나에게 물었다. 실재로 과달카날(Guadalcanal)은 어떤 곳입니까.]

제임스 미치너는 세계에서 가장 대중적인 인기가 있는 작가 중의 한 사람으로 "남태평양 이야기"로 퓰리처 상(원칙적으로 미국시민에 한

해 주어지는 신문, 문학, 음악상)을 받았다. 미치너가 쓴 베스트셀러 소설은 "하와이", "텍사스", "알래스카" 등이 있는데 그는 여행하면서 얻은 영감으로 쓴 글이 많다. 그는 평생 40여 권의 책을 썼고 여러 나라말로 번역되어 7천 5백만 권의 책이 출판되었다. 그리고 많은 작품이 영화로 만들어 졌다. 6.25 전쟁을 소재로 한 소설 "토코리 다리" (The bridges of Toko–Ri)와 "사요나라" (Sayonara)가 있다.

함께 읽는 역사 이야기

포르투갈이 개척한 아시아 항로

대항해 시대란 13세기 이후의 항해 기술의 발달과 지중해와 대서양에서 상거래의 활성화를 배경으로 하여 이루어진 이른바 지리상의 "발견"이 행해진 시대를 말한다. 대항해 시대의 주역은 포르투갈, 스페인 그리고 이탈리아이다. 포르투갈의 엔리케 항해 왕자는 모로코의 이슬람교도와의 전쟁을 유리하게 이끌기 위해 아프리카 내륙부에 존재한다고 여겨졌던 기독교국인 "성 요하네의 나라"(프레스터 존의 나라)와 제휴하기 위해, 그리고 서부 수단과 황금을 거래하기 위해 아프리카 서안 탐험을 추진했다. 그는 항해사 양성 학교와 조선소 등을 만들고 우수한 뱃사람을 초빙하여 항해 기술을 열심히 도입했다. 용감한 뱃사람들의 탐험으로 아프리카 서안을 따라 항로가 개척되었다.

1488년 바르톨로메우 디아스가 드디어 아프리카 남단 희망봉에 도달했다. 그로부터 10년 후에는 바스코 다가마의 함대가 희망봉을 돌아 캘리컷에 이르렀다. 왕복에 2년이 넘게 걸렸고 약 170명의 승무원 중 생환한 자는 불과 60여 명뿐인 어려운 항해였으나, 함대가 가져온 인도산 후추는 항해 비용의 60배를 포르투갈 왕실에 가져다 주었다.

육식이 주식인 유럽에서 후추는 단순한 기호품이 아니라 방부제 역할을 했기 때문에 인도와의 무역은 막대한 이익이 예상되었다.

–미야자키 마사카츠 지음, 이영주 옮김
[하룻밤에 읽는 세계사 1] 중에서

유럽인의 아시아 진출

동남 아시아 지역에서 중국과 국경을 접하던 나라들은 청나라로부터 분리되어 유럽인의 지배를 받게 되었는데 프랑스가 이 지역의 선두 제국주의 국가였다. 프랑스는 1883-1885년까지 청나라와의 전쟁에서 승리한 후 인도차이나 지역을 요구하였다. 인도차이나 지역은 매우 풍요로운 지역이었으나 프랑스에게는 큰 이득이 되지 못하였다. 왜냐하면 인도차이나의 풍부한 농작물은 프랑스와 관계를 맺지 못하고 북동 아시아 지역 등 주로 인근 지역과 교역관계를 가졌기 때문이다. 여하튼 프랑스의 인도차이나 팽창은 시암(Siam: 오늘날의 타이) 까지 계속됐다. 그러나 영국이 미얀마로 진출하여 이 지역에서 프랑스와 경쟁을 하게되자 양국은 직접적인 충돌을 피하기로 협정하고 시암(또는 샴 이라고 함)을 완충국으로 남겨두게 되었다. 그래서 시암은 영국과 프랑스 세력균형의 중간 지역으로 침략을 모면하는 행운을 가졌다. 영국은 이 흥정의 대가로 싱가포르와 말레이시아에 대한 영유권을 얻었고 프랑스는 시암의 일부지역을 새로이 획득하는 것으로 만족해야 했다. 영국과 프랑스가 동남아시아를 장악하는 일은 뒤늦게 식민지 사업에 참여한 미국과 독일의 견제를 받았다. 우선 미국은 스페인과 전쟁을 벌여 아시아 지역 진출을 위한 교두보로서 필리핀을 획득하였고 독일은 남태평양의 여러 섬을 장악하며 아시아 지역의 연고권을 마련하였다. 네덜란드는 17세기 이래 세계 시장의 진출을 위하여 마련하였던 인도네시아를 계속 확보하고 있었다.

-구학서, 편저 {이야기 세계사 2} 중에서

타우랑가 (뉴질랜드)
Tauranga

마오리족의 고향
타우랑가(Tauranga)

우리 배는 호주를 떠난지 4일 만에 오늘 아침 8시에 이번 여행의 첫번째 기항지인 뉴질랜드의 타우랑가 항구에 도착했다.

타우랑가는 마오리족 말로 "카누가 쉬는 곳"이란 뜻이고 뉴질랜드의 마우리 족이 처음으로 발을 들여 놓은 곳이다. 또한 이곳은 쿡 선장이 1769년 10월 처음 이 해안으로 상륙해서 마오리족과 만난 곳이기도 하다. 이 도시는 초기 뉴질랜드가 번성하는데 역사적으로 중요한 역할을 한 곳이며 마오리 족의 촌락이 많이 있다.

뉴질랜드의 대표적 특산품인 "키위"는 그 질과 수량면에서 세계 제일이며 수출도 많이 한다. 옛날 이곳에 금광이 번성하던 때의 시설물이 많이 남아 있어 관광지로 개발되었다. 오늘 우리가 가는 관광지는 영화 "반지의 제왕"의 로케이션 장소이다.

아침 9시부터 관광 버스를 타고 길 양 옆으로 펼쳐져 있는 푸른 초원에는 양떼들이 한가롭게 떼를 지어 있는 모습을 감상하며 마침내 도착한 곳이 영화 촬영 장소이다.

목가적인 아름다운 풍경 반지의 제왕 영화 촬영지

입구에는 "반지의 제왕과 호빗 3부작이 촬영된 영화세트가 있는 사이어(shire)에 오신 것을 환영합니다."라는 안내판이 세워져 있었다.

이 영화 촬영지는 뉴질랜드의 자연을 목가적으로 다듬어 더욱 아름답게 꾸며 놓았다. 피터 잭슨 (Peter Jackson) 감독이 톨킨(J.R.R, Tolkin)의 고전 소설 "반지의 제왕"과 "호빗트"를 각색하여 영화를 촬영한 곳이다. 야트막한 언덕으로 이어지는 풍경은 동화 속에서 나오는 조용하고 평화로운 곳으로 너무나 아름다워 낙원이 따로 없다.

호비트 집으로 올라가는 계단

바로 이곳에서 영화의 하이라이트인 처음과 마지막 장면을 촬영하였다. 내가 이곳에서 새삼스럽게 생각나는 것은 텔레비전에서 방영되는 이 영화를 녹화해 놓고 마지막과 처음 장면을 여러 번 되풀이 해서 보던 기억이 나는데 지금 현장에서 직접 보고 있다. 감동적이고 아름다운 풍경이 실감이 난다. 이 영화의 다른 장면의 로켓 장소는 산이 높고 웅장한 남섬 퀸즈 타운에도 있다.

이와 같이 좋은 장소를 찾아서 세트장을 꾸미는데는 많은 노력이 있었다. 1998년 9월 피터감독과 "뉴라인 시네마"의 영화 촬영팀은 소형 비행기를 티고 공중에서 로케이션 장소를 물색 중에 뉴질랜드 외곽에 위치한 "알렉산더" 목장을 발견하였다.

인공 늪과 다리가 있는 영화세트

이 목장은 양과 소를 기르는 목장인데 1,250에이커(약 1백5십만평) 넓이다. 1999년 3월에 로켓장소 토목공사를 시작하고 뉴질랜드 군인들의 도움으로 1.5km의 도로를 뚫었다. 그리고 39개의 "호비트" 작은 집을 목재와 포리스트랜을 사용해서 지었다. 2009년 "호비트" 3부작 영화를 촬영할 때는 철재와 실리콘 등을 사용하여 2년에 걸쳐 더욱 튼튼하게 보강공사를 했고 관리를 잘해서 오늘날까지 이 아름다운 시설을 보존하게 되었다.

영화 "반지의 제왕" (The Lord of The Rings) 3부작을 1999년 12월에 시작하여 3개월 촬영하였다. "호비트" (The Hobbit) 3부작은 2011년 10월 촬영을 시작해서 불과 12일 동안 만 이곳을 로케이션 장소로 사용하였다. 영화 "반지의 제왕"은 아카데미 영화제에서 작품상과 감독상을 비롯해서 모두 17개 부문을 수상한 전무후무한 기록을 세웠다. "스타워즈", "이티(E.T)", "오즈의 마법사" 등이 차지하지 못한 것을 판타지 영화에서 처음으로 아카데미 작품상을 수상했다.

이 영화에 나오는 주역들은 다음과 같다.

피터 잭슨(Peter Jackson)감독, 간달프(Gandalf) 역의 이안 맥켈런(Ian Mckellen)경, 프로도(Frodo) 역의 일라이저 우드(Elijah Wood), 샘(Sam) 역의 숀 애스틴(Sean Astin), 빌보 배긴스(Bilbo Baggins) 역의 이안 홈(Ian Holm), 젊은 빌보 배긴스(Young Bilbo Baggins) 역의 마틴 프리먼(Martin Freeman) 등이다.

언덕 밑 호비트 집의 동그란 출입문

영화 "반지의 제왕"의 빌보, 바긴스 집

이곳에서의 관광은 돌아다니면서 볼 것이 많고 또 범위가 많아서 조별로 한사람의 전속 가이드의 인솔하에 여러 곳을 구경하게 되었다. 우리는 배정받은 전속 가이드의 안내로 오솔길을 따라 걷기 시작했다. 이곳에서 관강객들이 제일 많이 홍미를 갖는 곳은 "호비트" 작은 집들이고 영화 제작에 사용된 소품들이다. 그 넓은 언덕위에 가는 곳마다 "호비트" 집이 있다. 모두 39개가 있다고 한다.

바긴스 집앞 정원에 있는 작은 의자와 테이블

앞에 있는 작은 정원에서 장난감 같은 작은 의자와 정원수, 꽃나무가 있고 앙증스러운 빨래 줄에는 인형옷 같이 작은 옷들이 걸려 있다. 모든 것이 작다. 동화에 나오는 난쟁이 동네에 온 것 같았다. 웃음이 저절로 나온다. 특히 빌보 배긴스, 그가 살았던 집은 제일 잘 꾸며져 있어 보기 좋았다. 관광객들이 제일 많이 모여 있었다.

들판에 서 있는 허수아비

한 관광객이 가이드를 보고 작은 집 안으로 들어가 볼 수 있느냐고 물으니 안된다고 한다. 여기에 지어놓은 작은 집들은 언덕에 구멍을 파서 창문과 동그란 출입문을 붙인 것 같았다.

우리는 평지로 내려와서 영화 촬영시 사용한 인공 연못과 물레방앗간을 지나고 다리를 건너왔다. 모든 것이 사실처럼 보이도록 조화되고 아름답게 잘 만들었다. 고향에 온 것 같은 아늑하고 평온한 느

영화 촬영 셋트 물레방아가 있는 집

낌이 들었다. 영화 촬영시에 사용했던 다리와 선술집은 새로 고쳤다고 한다. 우리를 인솔한 남자 가이드는 영화배우처럼 잘생기고 설명도 잘하고 친절했으며 인상이 좋았다.

관광을 끝내고 우리들은 매점과 식당 등 편의 시설이 있는 건물에 왔다. 간단한 식사와 아이스크림을 후식으로 먹고 휴식을 취한 후에 타우랑가 항구에 정박하고 있는 배로 돌아왔다.

영화 촬영 후에 새로 고친 선술집

제임스 쿡(James Cook)

유럽이 13세기 이후 대항해 시대에 항해 기술의 발달로 지구상의 새로운 곳을 발견하는 시대를 열었다. 그 주역들은 콜럼버스(1492), 바스코다가마(1498), 마젤란(1519-1522) 등이 있다.

제임스 쿡은 영국 요크셔(Yorkshire) 시골의 가난한 농부의 아들로 태어났다. 교육도 제대로 받지 못했다. 소년 노동자로 석탄 운반선에서 일하다가 인정받아 해군 부관이 되었다. 1768년 영국 해군이 처음으로 남태평양을 탐험할 때 선장으로 발탁되었다.

이 배는 석탄 운반선을 개조한 배인데 그 이름이 인데버(Endeavour)이다. 쿡선장은 타히티(Tahiti)까지 간 다음에 유럽인으로는 처음으로 뉴질랜드와 호주에 상륙했다. 돌아오는 길에 배가 좌초되어 거의 가라앉을 뻔했다. 질병과 사고로 선원 40%가 죽었다.

기진맥진하여 쿡(cook)선장은 1771년 돌아왔다. 계속해서 1772년부터 1775년까지 쿡선장은 남극과 남태평양 대부분을 종횡무진으로 항해했다. 이와 같은 광대한 지역의 항해는 쿡선장이 역사상 처음이다.

세번째로 마지막 항해는 1776년과 1779년 사이에 이루어졌다. 대서양과 태평양의 서북항로에서 하와이에 유럽인으로는 처음 상륙했다. 그리고 미국 서해안을 따라 오래곤에서 시작하여 알래스카까지 갔으나 북극으로부터 유빙이 많아서 더 가지 못하고 돌아왔다. 하와이에 다시 와서 사소한 일로 원주민과 다툼이 벌어졌는데 그 와중에 원주민에게 살해되었다. 10년 동안 쿡선장은 태평양 거의 전부를 탐험했다. 그래서 후배 해양 탐험대들은 더이상 새로 발견할 것이 없다고 불만이다. 쿡선장의 태평양 탐험의 결과로 이곳 섬들에 대한 식민지 정책에 박차를 가했다. 또한 선교활동, 고래잡이와 무역업자들의 활동이 시작되었다. 영국의 한 시골 소년이 성장해서 영국 해군의 탐험 대장이 되어 태평양 여러 섬을 현대적으로 변모시킨 그 위대한 업적은 길이 빛난다.

-Lonely Planet(South Pacific) 중에서

오클랜드 (뉴질랜드)
Auckland

chapter 04 

세계에서 가장 살고 싶은 도시 중의 한 곳

오클랜드(Auckland)

어제 타우랑가를 떠나서 오늘 아침 오클랜드 항구에 입항했다. 뉴질랜드는 여러 개의 섬으로 나뉜다. 북섬은 조용한 해변과 식민지 시대의 영국풍의 도시들이 많다. 원주민 마오리 족의 문화 유산이 많이 있다. 남섬은 남반구의 알프스라 불리는 웅장한 산과 호수가 많고 깨끗한 자연을 가지고 있다. 살아있는 자연 박물관으로 희귀 동물이 많다. 오클랜드는 유럽인들이 이주하기 시작하던 초창기부터 얼마전까지 뉴질랜드의 수도로 이 나라 경제의 중심으로 성장하였으며 세계에서 살고 싶은 도시 중의 하나가 되었다. 오래된 화산으로 조형된 지형이 지금은 풀이 무성하고 완만한 구릉으로 이어져 경관이 아름답다. 전 국토가 공원이다. 1350년대에 마오리족이 이

곳에 발을 들여 놓았고 1840년에 유럽 사람들이 들어와서 정착할 때 만 해도 황폐한 지역이었으나 뉴질랜드 근처에 있는 많은 섬에서 이 곳으로 모여들어 남태평양에서 폴로네시아 인이 모여 사는 제일 큰 도시이다. 최근에는 아시아 사람들의 이민도 많아졌다. 인구수는 백 만 명으로 전체 인구의 사분의 일이 이 곳에 살고 있다. 이와 같은 영향으로 오클랜드 시내 중심가는 인종 전시장처럼 세계 각국 나라 사람들로 북적거린다. 발들여 놓을 틈도 없이 꽉 차 있다. 우리 나라 명동과 같이 북적거린다. 이곳의 도로는 넓고 규모가 크다. 한국 사람 가게와 식당도 많이 있다. 뉴질랜드에는 두 개의 큰 항구가 있는데 팔다리를 쭉 펴고 누워있는 형국으로 생겼고 많은 보트가 정박해 있어 별명이 "돛단배의 도시" 라고 한다. 1인당 보트의 보유수가 세계에서 가장 많다. 남반구 제일 끝에 위치한 뉴질랜드 계절은 우리 나라와 반대이다. 11월이면 봄을 맞는다.

오늘은 11월 27일 월요일이다. 우리 배가 이곳에 정박하는 시간은 아침 7시부터 저녁 5시까지 10시간이다. 옵션 관광은 여러 코스 중에서 한 코스를 골라서 출발 전 날까지 표를 사야 한다. 우리가 오늘 가려고 하는 곳은 탈튼(Tarton) 생태 수족관이다. 아침 9시 15분에 배에서 내려 버스를 타고 해안가 도로를 달려 수족관에 도착했다. 이 수족관은 모든 시설이 지하에 있다.

첫째 방에 들어서니 한쪽 벽면이 두꺼운 아크릴 유리로 넓다란 공간에 남극의 환경과 경관을 재연 해 놓았다. 킹(King)펭귄과 젠투(Gentoo)펭귄 80여 마리가 빙판 위에 서 있다.

걸어 나오는 킹 펭귄

젠투(Gentoo)펭귄이 모여 있다

작은 날개를 뒤로 제치고 짧은 다리로 뒤뚱거리며 걷는 모양이 귀엽다. 이 시설은 1911년에 로버트 스캇(Robert Scotts)선장의 오두막집을 크게 개조한 것이라고 한다. 얼음 위를 걸어 다니는 펭귄을 바로 눈 앞에서 볼 수 있어 좋았고 좀처럼 보기 힘든 광경이었다. 다음 방은 둥그런 천장과 벽면이 투명 아크릴로 된 긴 터널 수족관이다. 각종 물고기, 상어와 가오리가 머리 위와 옆으로 유유히 헤엄쳐 다닌다. 아주 장관이다. 바다 속을 걸어 다니는 것 같은 느낌이 든다. 그 외 방들은 각종 어패류와 해양 식품들이 크고 작은 진열장과 연못에 전시되어 있다. 펭귄, 상어, 가오리 등에게 먹이를 주는 광경을 볼 수 있다. 난파선 전시관도 볼 만하다.

터널 수족관의 가오리와 큰 고기들

수족관 사진사가 찍은 기념사진

수족관 사진사가 찍은 기념사진

이 수족관은 뉴질랜드의 위대한 탐험가인 켈리 탈톤(Kelly Tarlton 1937–1985)이 바다를 사랑해 온 그의 뜻을 따라 세워졌다고 한다. 오늘날 이 수족관은 세계적으로 유명해졌으며 인기있는 관광지로 성장했다. 또한 국제적으로 해양 생물 홍보에 중요한 역할을 감당하고 있다.

우리는 수족관에서 나와서 오클랜드 시내에 있는 스카이타워를 향해 떠났다. 이 스카이 타워의 높이는 328미터로 남반구에서 제일 높은 건물이다. 시내 번화한 곳에 위치한 스카이타워에 도착하니 많

발 밑으로 보이는 건물과 자동차

은 사람들이 전망대에 올라가기 위하여 긴 줄을 서서 기다리고 있다. 우리도 긴 줄에 서서 한참을 기다린 후에 엘리베이터를 탔다. 51층에 있는 전망대 (지상 186미터)까지 빠른 속도로 올라갔다. 오클랜드 시내가 발 밑에서부터 멀리까지 볼 수 있다. 건물과 항구, 바다, 섬들, 수 많은 요트 등 그림과 같이 아름다운 장관이다. 마루바닥이 유리로 되어 있는 곳이었다. 들어가기가 겁이 났으나 올라가서 걸어보았다. 발 밑에 보인 건물과 자동차가 작아보여 공중에 떠 있는 것 같다.

우리는 한 바퀴를 돌면서 구경한 후에 항구와 시내 중요한 지역을 한 눈에 볼 수 있는 위치에서 안내 팜플렛을 보면서 180도 각도에서 관찰하였다. 맨 왼쪽에 보이는 서쪽 항구는 요트와 보트 정박지로 2천 척이 넘는 배가 정박해 있다. 남반구에서 제일 큰 항구 중 하나이다.

그 옆 9시 방향으로 있는 오클랜드 하버 브리지는 3천 2백 피트이고 강철로 되어 있고 시내와 북쪽 해안을 연결한다. 11시 방향으로는 선박 독이 있는데 호화로운 요트와 상선이 정박해 있다. 정면으로 보이는 랜기토토 섬은 오클랜드에서 가장 큰 섬이다. 경관이 아름답다. 그 섬 앞쪽으로는 데본포트가 보이는데 이곳은 왕립 뉴질랜드 해군 기지이다. 그 옆에 있는 오클랜드 항구는 가장 큰 해상 무역의 관문이다. 상선과 국제 크루즈 선박이 정박해 있다. 우리가 타고 온 홀랜드 아메리카 크루즈선도 보인다.

KPMG

남반구에서 제일 큰
오클랜드 항구의 전경

AMP
ANZ
ANZ
QUAY WEST
ZURICH

멀리 보이는 가장 큰 랜키토토화산섬
그 앞의 데보포트는 왕립뉴질랜드 해군기지
항구에서 우리의 크루즈선이 보인다

산림이 우거진 콜로멘델 반도가
멀리 보인다

ANZ
AMP
QUAY WEST
ZURICH
TOWER

정면 맨 앞에 보이는 것은 보리토 마트이고 쇼핑과 식사를 하고 나이트 클럽이 모여있는 곳이다. 버스와 페리를 연결해 주는 교통 중심지이다. 1 시 방향으로는 와이테크섬이 보인다. 수영하기 좋은 섬으로 유명한 곳이다. 좋은 포도주 생산으로 상을 받은 포도원과 목장이 있다. 콜로멘델 반도가 앞쪽 1 시 방향으로 멀리 보인다. 강 어귀에 있는 산림이 우거진 작은 반도이다. 2 시 방향으로 오클랜드 대학이 보인다.

1886년에 설립되었고 4만 명의 대학생이 재학하고 있는 뉴질랜드에서 제일 큰 대학이다. 그 앞쪽에는 알버트공원이 넓게 자리잡고 있다. 이 도시 중심에 있고 아름다운 수풀이 무성하다. 긴 역사와 독특한 특성을 지니고 있는 오클랜드의 중요 공원이다. 3 시 방향으로 넓은 터에 자리 잡고 있는 오클랜드 전쟁 기념관이 보인다. 뉴질랜드 제일의 전쟁 박물관이다. 4 시 방향으로 멀리 보이는 것은 마오리 역사 유적지로 넓은 시 소유 공원 안에 있다. 맨 오른쪽 아주 가까이 아오테아 광장이 내려다 보인다. 콘서트와 집회가 열리는 공공 장소이다. 그 옆의 삼각형 모양의 건물은 1911년에 세워진 공회당(Town Hall)이다.

공원 안의 삼각형 건물은 공회당(Town Hall)이다

우리는 스카이타워에서 내려와 보니 이 근처가 너무 혼잡하여 우리를 태우고 온 관광버스는 한참 후에 도착하여 크루즈선이 정박해 있는 항구로 갔다. 많은 사람들이 배에서 내리기도 하고 배를 타는 사람들로 혼잡하다. 우리는 호주에서 출발하였으나 뉴질랜드에서 크루즈 여행을 시작하는 사람도 많은 것 같다. 배에 올라와 식사를 하고 휴식을 취하고 오후 5시에 우렁찬 뱃고동소리와 함께 항구를 떠났다.

지금 이 배는 태평양의 한가운데 있는 통가섬을 향해 미끄러지듯이 가고 있다. 사방은 아무것도 없다. 보이는 것이라고는 검푸른 바다뿐이다. 들리는 것은 뱃머리에 부딪히는 잔잔한 파도 소리이다. 크루즈는 배의 평형을 유지하는 안전 장치가 있어 웬만한 풍랑에는 흔들리지 않는다. 배 밑에 큰 물탱크가 있는데 파도가 높아 배가 한쪽으로 기울면 탱크 속의 물은 반대쪽으로 쏠리는 장치가 있어 배가 흔들리지 않고 항상 평형을 이룰 수 있다. 선실 의자에 앉아 있으면 집 소파에 앉아 있는 것 같이 편안하여 물 위에 있다고 생각되지 않는다. 그래서인지 배멀미하는 사람이 별로 없는 것 같았다. 우리 배는 이틀간 항해하여 태평양 한가운데 있는 통가 섬에 거의 다 왔다.

이 통가 섬 근해는 세계에서 두 번째로 깊은 바다이다. 통가 트렌치(Tonga Trench)이다. 비타즈 심해(Vitaz lll Depth)라 하며 깊이가 35,704ft (10,882m)이다. 에베레스트산 29,035 ft (8,850m) 높이보다 더 깊다. 에베레스트산이 이 바다속에 들어가고도 2천여 미터가 더 깊다. 이와 같은 바다 밑의 골짜기가 통가에서 뉴질랜드까지 2천 킬로미터나 된다. 우리 배가 이 깊은 바다 위를 지나가고 있다고 생각하니 몸이 떨린다. 날이 새어 먼동이 훤히 밝아 온다. 밖에 나가 갑판 위에서 바라보는 바다색은 검푸르다. 아침 8시 크루즈선은 통가 항구에 도착했다.

세계에서 제일 깊은 바다

챌린저 심해, 마리아나 해구 (태평양) 11, 034 m (36,201 ft)
challenger deep Mariana Trench (Pacific)

비티아즈 III 심해, 통가해구 (태평양) 10,882 m (35.704 ft)
vityaz III Depth, Tonga (Pacific)

비티아즈 심해, 쿠릴-캄차카 해구 (태평양) 10,542 m (34.588 ft)
vityaz Depth, kurile-Kamchatka Trench (pacific)

캐이프 존슨 심해, 필리핀 해구 (태평양) 10,497m (34.441 ft)
Cape Johnson Deep, Philippine Trench (pacific)

케르마데크 심해, (태평양) 10,047M (32.964 ft)
Kermadec Trench (pacific)

렘아포 심해, 일본해구 (태평양) 9,984M (32.758 ft)
Ramapo Deep, Japan Trench (pacific),

밀워키 심해, 푸에르토리코 해구 (대서양) 9,200m (30.185 ft)
Milwaukee Deep, Puerto Rico (Atlantic)

아르고 심해, 토레스 해구 (태평양) 9,165M (30.070 ft)
Argo Deep, Torres Trench (Pacific)

미테얼 심해, 남 샌드위치 해구 (대서양) 9,144M (30.000 ft)
Teteor Depth, south sandwhich Trench (Atlantic)

플레넷 심해, 신 영국 해구 (태평양) 9.140M (29.988 ft)
Planet Deep, New Britain Trench (Pacific)

누쿠알오화 (통가)
Nukualofa, Tonga

chapter 05

태평양의 바이킹 누쿠알오화(Nukualofa), 통가(Tonga)

우리 배는 11월 30일 오전 8시 드디어 통가의 수도 누쿠알오화 항구에 입항했다. 통가는 남태평양에서 식민지 지배를 받지 않은 유일한 나라이다. 176개의 섬에 인구는 10만 명이다. 통가는 3천 년의 역사를 갖고 있는데 약 1천 년 전에 군주국이 되었다. 1970념 4월에 민주공화국을 수립하고 유엔에 가입했다.

1776년 제임스 쿡(James Cook)선장이 처음으로 이섬에 상륙하였다. 마오리족의 환대를 받고서 "우정의 섬"이라고 별명을 지어 주었다. 통가 사람들은 용감하여 "태평양의 바이킹"이라고 한다. 한때는 많은 섬을 지배했었다. 19세기에 선교사들이 이곳에 와서 전도를 하여 대부분의 섬이 기독교 신앙을 갖게 되었다. 교회 성가대의 찬송가는 이 나라 문화의 중요한 부분을 차지하고 있다. 빅토리아 여왕 시대에 뉴질랜드에서 백인들을 이곳으로 배로 실어 날라서 이 도시를 건설했다고 한다. 지금은 인구 2만 3천 명의 제일 큰 도시로 발전했다.

통가에는 왕궁이 많이 있다. 그중에서도 넓은 잔디와 소나무에 둘러 싸여 있는 빅토리아풍의 왕궁은 1867년 세워졌으며 통가 왕궁의 상징이라고 할 수 있다.

라파하(Lapaha)에는 천 이백 년대에 조성된 왕들의 무덤이 아직까지 보존되고 있다. 기독교 국가답게 아름다운 대성당이 많이 있어 가볼만 하다. 이 도시에서 제일 인기 있는 곳은 타라마후 마켓(Talamahu Market)이다. 길다란 가지에 촘촘히 탐스럽게 달라 붙어 있는 바나나, 수북히 쌓아 놓은 울긋불긋한 과일, 채소, 잡곡을 저울로 달아 팔고 있다. 통가의 도자기와 조각품 등 공예품을 잘 만들어 선물용으로 많이 팔리고 있다. 이 마켓은 항상 많은 사람들이 북적대고 있다.

이곳은 열대해양성 기후이고 계절에 따른 온도차가 크지 않다. 수심이 얕고 수온도 최적이어서 스노클링, 파도타기, 요트세일(sail), 바다낚시, 고래구경 등 즐길 것이 많이 있다.

나는 오늘 옵션 관광으로 비치 리조트와 바다 속에 있는 분수 그리고 나무 위에서 잠을 자는 박쥐를 보기로 예약했었다.

통가 누쿠알로화 부두에 정박한 크루즈선

원주민들이 공연을 준비하고 있다

아침 10시경 배에서 내려 직원의 안내를 받아 관광 버스에 탔다. 이곳 섬에 있는 버스들은 에어컨디션도 없는 낡은 버스이다. 창문을 열어 놓으면 시원한 바람이 들어와 상쾌하다. 우리를 태운 버스는 시내 중심가와 왕궁을 둘러보고 서쪽 해안가를 따라 달려 하얀 백사장이 있는 리조트에 도착했다. 남양의 정취가 풍기는 멋진 광경이다.

바람에 흔들거리는 야자수 나무들과 눈부시게 반짝이는 은모래,

멀리 파란 하늘이 코발트 색의 바다와 조화를 이루어 아름답다. 리조트 건물 앞쪽 마당에서 전통춤과 노래 공연이 있었는데 춤은 우아하고 노래도 좋았다. 한쪽 옆에서는 음식을 준비하고있다. 나는 비디오 카메라로 사진을 찍으면서 주위를 한 바퀴 돌아 오니 점심 식사가 시작되었다. 현지 음식과 열대 과일이 뷔페식으로 나왔다.

식사 후 민속춤과 노래공연이 있었다. 통가에서 제일 많이 공연되는 춤은 라카라카(Lakalaka)라고 하며, 여자 혼자 추는 춤은 타우올운가(Tau'olunga)는 통가에서 제일 아름답고 우아한 춤이다. 남자가 추는 전통 춤에서 제일 인기있는 춤은 카이라오(Kailao) 라고 하는 전쟁춤이다.

전통 음식을 차리는 중

내가 지금껏 북반구에서의 환경에 익숙해 있다가 갑자기 이곳 남반구 열대지방의 아름다운 바다 눈부신 모래 사장이 펼쳐져 있는 경이로운 자연, 낯선 사람들과 풍습을 대하면서 느낀 것은 지구상에는 지금도 별천지가 있다는 것이다. 그리고 드디어 내가 남태평양에 와 있다는 것을 실감하게 되었다.

통가 여자 춤 중에서 제일 아름다운 타우올운가(Tauolunga)춤

남자 춤 중에서 제일 인기있는 카이라오(Kailao)

바다 밑에서 올라오는

분수 블로우홀

암반 틈에서
분수 블로우홀(Blouhol)

불로우홀을 보러온
관광객들

나무 위에 매달려 있는 박쥐

별명 "날아 다니는 여우"라고 하는 박쥐가 사는 나무

우리는 버스에 올라 다음 행선지로 떠났다. 계속 서쪽 해안을 따라 가다가 블로우 홀(Blowhole)을 구경했다. 해변에는 용암이 굳어서 생긴 뾰족한 바위가 깔려 있다.

블로우홀은 바다 밑 암반 틈에서 높이 뿜어 올라 오는 분수인데 몇 분씩 간격을 두고 분출된다. 블로우홀은 이섬 여러 곳에 많이 있는데 이곳에 있는 것이 남태평양에서 제일 큰 것이라고 한다.

다음에 도착한 곳은 별명이 "날아다니는 여우"라고 하는 박쥐를 보러 갔다. 날개를 접고 거꾸로 높은 가지 위에서 매달려 자고 있는 여러 마리의 박쥐를 볼 수 있었다. 이 박쥐는 통가에서만 서식하는 포유동물인데 날개를 펴면 3피트나 된다고 한다.

오는 길에는 코코넛 농장에 들러 코코넛 나무 꼭대기 가지가 세 갈래로 된 기괴한 모양새를 보았다. 오늘 세 시간 넘게 한 관광을 마치고 배가 정박해 있는 부두에 도착했다. 버스에서 내려 배까지의 긴 선창 길은 널찍하게 시멘트 콘크리트로 시원하게 잘 포장되어 있었다. 매우 아름다워 기분이 상쾌하여 이 통가섬을 오래도록 잊지 못할 것 같다.

함께 읽는 탐험 이야기

바이킹

노르만족은 스웨덴인 노르웨인 덴마크인으로 나누어 스칸디나비아 반도의 남부와 유틀란트반도에서 농사를 지었다. 그런데 기후 조건이 나쁜 데다가 인구가 늘어서 농지가 부족해져 적극적으로 교역이나 이주를 해야만 했다. 노르만족은 빙하가 침식해서 이루어진 피요르드만 주변에 살고 있었기 때문에 바이킹 (만-vik의 주민)이라 불렸다.

해도(海圖) 없이도 노르웨이 아이슬란드까지를 단 9 일 만에 항해하는 놀라운 항해기술을 지닌 그들은 강과 바다를 오가며 교역, 이주, 약탈로 세력권을 넓혔다. 그중에서도 스웨덴인은 발트해에서 시작하여 러시아로 흐르는 하천을 거슬러 올라가 볼가강이나 드네프르강을 내려가 카스피해와 흑해에 이르는 "강의 교역로"를 개발해 이슬람제국이나 비잔틴제국과 활발하게 상업 활동을 했다. 9-10세기에는 이슬람 상인과의 교역이 활발히 이루어져 중앙아시아로부터 대량의 아랍 은화가 북유럽으로 들어와 그 중량에 따라 거래에 이용했다. 유럽의 화폐 경제는 북유럽에서 서유럽으로 확대된 것이다. 슬라브인으로부터 "루스"(뱃사공이라는 의미)로 불렸던 스웨덴계 바이킹은 슬라브인과 결혼해 모피 집산지인 노보고로트나 교역 중계도시, 키예프 등 다수의 집락을 연결하는 네트워크를 발달시켰다. 그러나 투르크계 유목민이 볼가강 하류를 포함한 초원지대로 세력을 확장시키자 루스와 이슬람 교역권과의 관계는 약화하고 고립된 삼림 지대의 집락을 연결하여 862년 류리크가 노브고트 공화국을 세웠다. 차차 남쪽으로 중심이 옮겨져 키예프 공국이 수립되었다. 이것이 러시아의 기초가 되었다.

-미야자키 마사카츠 지음, 이영주 옮김 [하룻밤에 읽는 세계사 1] 중에서

함께 읽는 탐험 이야기

아라비안 나이트 시대

(뱃사람 신밧드의 모험)

아바스 왕조의 전성기인 제5대 칼리프 하룬 알라시드 시대의 이야기라고 전해지는 (아라비안나이트 {천일 야화}) 에는 "하룬 알라시드의 이름과 영광이 중앙아시아의 언덕으로부터 북유럽 숲속에 이르기까지. 또 마그리브(북아프리카) 및 안달루시아 (이베리아 반도)로 부터 중국, 달단 (타타르 유목세계) 주변에까지 미친 시대" 라는 글이 적혀 있을 정도이다. 이 시대에 특히 주목되는 점은 (아라비안 나이트)에 실린 이야기 중 (뱃사람 신밧드의 모험)에 나오는 해상 교역 루트이다. 이슬람 상인은 다우선이라는 배를 타고 아프리카 동쪽 해안으로부터 중국 연안에 이르는 광대한 해역을 1년 반 걸려 왕복했다. 다우선은 큰 삼각형 모양의 돛을 달았으며 역풍에서도 항해가 가능했다.

선원 중에는 40 년 동안이나 땅을 밟지 않고 무역에 종사한 사람도 있었다. 대형 선박은 400~500 명 정도가 탈 수 있는 규모였는데, 이 배를 이용해 동아프리카로부터 '잔지' 라 불린 흑인 노예가 대거 운송되었다. 또 인도에서 전해진 쌀, 면화, 사탕수수 등의 재배가 이루어져 곡창지대였던 이라크를 더욱 발전시켰다. 어떤 아라비아 상인의 기술에 따르면 당나라의 광주에는 12 만 명, 양주에는 수천 명 규모의 거류지가 만들어져 많은 이슬람 상인이 무역에 종사했다고 한다. 그 결과 동아시아의 다양한 정보가 이슬람 세계로 흘러들었다. 육지에서 이루어지는 무역에는 '사막의 배' 낙타가 이용되었다. 낙타는 약 270kg 무게의 짐을 싣고도 걸을 수 있고 일주일 정도는 물을 마시지 않고도 견딜 수 있다. 아주 귀중한 운송 수단이었다. 주요 통상로에는 30~40km 간격으로 캐러밴의 숙소가 있었고 각 도시에는 바자로라는 시장이 있었다. 화폐로 금화나 은화를 사용했으나 경제 규모가 커짐에 따라 화폐 부족과 송금의 위험 등을 고려하여 수표나 어음도 사용했다. 바그다드에서 발행한 수표를 아프리카의 모로코에서 현금으로 바꾸는 일도 가능했다. 사막에서는 때로 5천 마리의 낙타를 이끌고 이동하는 캐러밴 행렬도 있었고 천 마리 정도의 낙타를 준비해놓고 상인이나 순례자에게 대여해 주는 업자도 있었다.

–미야자키 마사카츠 지음, 이영주 옮김 [하룻밤에 읽는 세계사 1] 중에서

네이아후 (통가)
Neiafu, Tonga

chapter 06

돛단배의 천국
네이아후(Neiafu), 통가(Tonga)

통가왕국에 속해 있는 바부우섬 그룹은 눈부시도록 아름다운 많은 섬 (61개)이 한 곳에 밀집해 있고 초록색으로 빛나는 바다는 섬들 사이로 감돌고 있다. 태평양에서 좀처럼 찾아보기 힘든 아름다운 곳이다. 가는 곳마다 그림 엽서에 나오는 정경이다. 산호초가 둘러싸여 있어 파도를 막아 주기 때문에 바다는 잔잔하여 세일링하기에 세계에서 가장 좋은 곳 중의 하나이다. 옹기 종기 모여 있는 섬 사이를 초록색 빛깔의 황홀한 바다에는 돛단배가 한가롭게 지나다닌다. 통가의 바부우 그룹섬에는 늘 관광객이 많이 찾아온다. 온화한 기후가 일년 내내 이어지기 때문에 세일배를 빌려서 탈 수 있고 카약, 산악자전거, 등산, 바다낚시, 파도타기, 잠수, 고래나 가오리와 함께 수영도 할 수 있다. 도시에 머무르며 관광을 다닐 수도 있고 여러 섬을 찾아 다니며 즐길 수 있는 곳이 많이 있다. 야자수 그늘이 있는 아름다운 섬들이 많은데 대부분이 무인도이다.

청록색으로 빛나는 아름다운 바다가 길게 뻗어 있는 흰모래 사장을 휘감고 있다. 그 바다는 거울 같이 맑아서 3미터 밑까지 들여다 보인다. 황홀한 산호초에는 각종 열대어, 돌고래, 바다거북 등 많은 해양 식물이 우글우글하다. 그외에 열대 우림 석회암의 해안 절벽, 동굴탐험과 민속촌 관광, 화려한 장식품으로 단장한 역사적인 공동묘지는 특이한 분위기가 느껴진다. 이곳의 관광산업의 기반으로는 기념품 가게와 커피점, 식당들이 제일 큰 섬인 네이아후 번화가에 많이 있다. 이런 섬에서는 여러 날을 머물면서 느긋하게 돌아다녀야 하는데 크루즈 여행은 선상에서는 시간의 여유가 있고 모든 것이 넉넉하나 육지로 나와서는 항상 동동거려야 한다. 이번 크루즈 여행은 남태평양의 드넓은 지역에 흩어져 있는 많은 섬에 들려야 하기 때문에 한 곳에서 오래 머물 수가 없다. 우리가 탄 크루즈 선박도 이곳에 아침 7시부터 오후 4시까지 9시간을 정박한다.

오늘 옵션 관광으로는 바닐라(Vanilla) 농원과 민속촌을 돌아 보고 맑고 온화한 바다와 아름다운 모래사장이 있는 리조트에 가서 휴식을 취하면서 점심식사를 하기로 되어 있다. 오늘 아침 7시 30분에 배에서 내리니 부두에는 여러 대의 관광버스가 우리를 기다리고 있었다. 지정된 버스에 올라 좌석을 정하고 앉아 있는데 정원이 채워진 후 버스는 출발했다.

시내 중심에 있는 녹지대

이곳 관광버스는 아일랜드 스타일로 에어컨이 없고 창문을 열어 놓고 다닌다. 창가에는 꽃장식을 해놓았다. 우리를 안내할 현지 여자 안내원은 뚱뚱하고 마음씨가 착하게 생겼다. 목걸이와 머리에 꽃장식을 하고 있었으며 차가 달리는 동안 마이크를 잡고 열심히 설명을 했다. 창밖 길가에는 야자수와 이름모를 풀들이 무성하고 바나나 나무와 망고나무에는 탐스러운 열매가 달려 있다. 열대지방에서 풍기는 구수한 냄새를 맡으며 도착한 곳은 바닐라(Vanilla) 농원이다.

차에서 내려 안내자를 따라 농원 안으로 들어갔다. 넓다란 농원 안에서 첫 번째로 간 곳은 바닐라를 재배하는 곳인데 높다랗게 차일을 치고 줄을 지어 말뚝을 세워 놓고 바닐라 나무 줄기를 붙들어 잡아매어 놓고 기르고 있었는데 줄기와 잎사이에 열매가 보였다. 땅바닥에는 코코넛 열매껍데기를 깔아 놓았다.땅의 수분 증발을 막아 준다고 한다.

땅에 박은 말뚝에 매여 있는 바닐라 나무들

바닐라 나무 재배 방법을 설명하고 있다.

나무 밑에 코코넛 껍데기를 깔아 수분 증발을 막는다

나무를 관리하는 방법과 바닐라 열매를 따서 엑기스를 추출하는 과정을 보여 주고 자세한 설명을 하였다. 우리는 모두 흥미롭게 들었다. 나는 바닐라 아이스크림을 좋아한다. 포근한 맛과 향기가 어디에서 왔는가 항상 궁금해 했는데 오늘 바닐라에 대하여 자세히 알게 되었다. 바닐라의 원산지는 남미인데 하와이를 거쳐 이곳 기후가 좋아서 많이 재배하고 있다. 이곳 특산품이며 세계적으로 알려져 있

타파(Tapa) 천으로 돗자리를 짜는 시범공연

통가의 전통 춤과 노래 공연

멋진 통간(Tongan)의
비치리조트

다. 마지막에 들른 곳은 바닐라 제품을 전시 판매하는 곳이다. 여러 가지 제품이 있었다. 바닐라는 가격이 비싸다. 손바닥 안에 들어가는 십 온스 작은 병(29cc) 안에 들어 있다.

우리 일행은 버스에 올라 다음 행선지 아노비치(AnoBeach)로 갔다. 이곳에서는 카바 전통 의식과 마른 나뭇잎으로 옷을 짜는 과정을 보았다. 다음은 우무(umu)라는 땅을 파고 음식을 조리하는 통가의 전통적인 지하 오븐(Oven)에서 만든 음식을 맛보았다.

전통 무용 공연을 끝으로 이곳 관광은 끝났다. 마지막으로 간 곳은 아름다운 모래 사장과 맑고 따뜻한 바닷가에 있는 통간(Tongan) 비치 리조트이다. 산호로 형성된 지형은 파도를 막아 주어 수영과 잠수하기 좋은 곳이다.

통가 관광을 끝내면서 느낀 것은 통가가 군주국에서 근대 민주국가로 가고 있는 중이며 이 과정에서 우여곡절이 많이 있었다. 정치적 혼란과 폭동으로 어려운 때도 있었다. 경제적으로는 여러 나라로부터 원조를 많이 받았으나 유효 적절하게 사용하지 못했다. 많은 통가 국민이 호주와 뉴질랜드에 나가서 살고 있는데 이들 해외 국민이 본국에 송금하는 돈이 많은 부분을 차지하고 있다.

해외 국민들은 어떻게든지 본국의 관광 산업을 크게 일으키고 싶어하나 오히려 본국 국민들은 의욕이 없는 것 같다. 관광객이 뿌리고 가는 돈이나 바라고 있을 뿐, 관광 산업개발에는 관심이 없는 것 같다. 편의 시설 특히 화장실은 조악하고 현대적인 호텔이나 리조트가 별로 없다.

두말할 것 없이 통가의 자연은 아름답다. 긴 백사장과 야자수나무들, 열대 우림, 코발트색 바다와 열대어, 가오리, 거북이, 산호초 사이를 유영하는 바다 밑 세계의 아름다운 현란한 광경은 상상을 초월한다. 따사로운 햇빛과 솔솔 불어오는 바람은 정겹다. 높은 하늘에는 뭉게구름이 떠있고 눈부시게 흰 모래밭, 에메랄드빛 바다와 원시 그대로의 자연을 즐길 수 있는 것 만으로도 충분하다고 생각한다. 더 많은 것을 기대하다가는 실망하기 쉽다.

유럽인의 도래 (渡來)

유럽인들은 16세기부터 남태평양의 탐험을 시작했다. 일확천금의 꿈을 품고 또는 남쪽바다 어느 곳에 있을 것이라는 "미지의 대륙(Terra Australis incognita)" —전설과 상상으로 알려지고 있으나 실제로는 존재하지 않는다. —을 찾으려고 멀고도 먼 항해를 하여 이곳에 와서 돌아다녔다. 그러나 당시에는 항해기술이 부족하여 한없이 넓은 태평양에서 섬을 찾는다는 것은 건초더미에서 "바늘"을 찾는 것과 같았다.

유럽인으로 최초로 폴리네시아에 온 사람은 1595년 먼다나와 퀴스로이다. 말퀘사스 섬에 왔으나 원주민과 전투가 벌어져서 이백 명의 원주민을 살해하는 일이 있은 후로는 18세기 후반까지 본격적인 탐험을 하지못했다.

1767 년에 와리스(Samuel wallis) 탐험대의 함선이 타히티의 초호에 닻을 내렸다. 길고 긴 항해로 식량이 부족하고 신선한 채소를 먹지 못하여 괴혈병(비타민 C 부족으로 인한 병)으로 선원의 1/4이 쓰러졌다. 선장 와리스도 기력이 떨어졌고 정신이 몽롱한 상태였다. 처음에 배가 초호(Lagoon) 안으로 들어올 때부터 원주민의 수백 척의 카누(통나무배)가 초호에 나와서 탐험대의 함선을 둘러싸고는 환영하는 것도 아니고

정신을 빼는 저질적이고 괴상한 광경을 연출했다. 몇몇 카누에는 몸단장을 한 젊은 여자들을 태우고 선원들을 유혹하는 추태를 보였다. 이와 같은 광경은 갑자기 공포 분위기로 변했다. 급기야 선장이 발포를 한 후에야 끝이 났다. 그들을 뭍으로 쫓아버리고 집과 카누를 부숴버리기 시작했다. 그렇게 한 후에야 토인들의 태도가 갑자기 변하여 친절해졌다. 그리고 서로 간의 물물교환이 시작되었다. 선원들에게는 신선한 식량이 필요하였고 토인들은 아직 철기를 발견하지 못했으므로 칼, 도끼, 못 등을 좋아했다. 와리스의 배는 수 주 동안 그곳에 정박 하고 있었다. 그리고 섬 이름을 "조지 왕의 땅"(king of George land)이라고 명명하고는 대영제국의 영토가 되었다고 선포했다.

다음에 이곳에 온 사람은 프랑스 탐험가 부겐빌레아(Bougainvillea)가 세 명의 동료와 함께 1768 년 타히티섬에 도착했다. 와리스가 이곳을 떠나간 지 일 년도 안된 때이다. 부겐빌레아 일행은 이곳에 9 일 동안 머물다 떠나면서 타히티 이 섬은 프랑스 땅이라고 주장했다.

그러나 곧 이어서 가장 위대한 탐험가 제임스 쿡 선장이 이곳에 도착하니 그 주장은 무색하게 되었다. 제임스 쿡(James cook) 선장은 1769년부터 1779 년까지 세 번의 태평양을 탐험하여 거의 모든 섬을 발견했다. 넓은 범위의 태평양을 포괄적으로 탐색하여 찾아낸 섬들의 이름을 지도상에 넣어 채우게 되었다. 그러므로 그 후에 도착하는 탐험대의 수고를 덜어 주었다. 쿡 선장이 태평양의 섬들을 거의 다 발견하여 더이상 새로운 섬을 발견할 수 없게 되었다고 뒤에 온 탐험대는 불만이 많았다고한다.

스페인은 남아메리카에서 확고하게 자리잡은 후에 태평양쪽으로 진출하였다. 1772년 보엔체아(Boenchea)가 남미 페루를 출발하여 타히티에 왔다. 타우티라(Tautira)에 스페인 교회를 설치해 놓고 돌아갔다가 1775년에 다시 왔으나 선교 활동의 미숙으로 인하여 미개한 이교도들을 기독교로 개종시키는데 실패했다. 더욱이 보엔체아도 이곳에서 죽은 후에는 토인들이 무서워지고 또 겁이나서 선교를 포기하고는 허둥지둥 도망치듯이 페루로 돌아갔다.

식민지 쟁탈전

영국과 프랑스는 선교사들을 앞세워 폴리네시아에서 식민지 쟁탈전이 18세기 후반부터 시작되었다. 1797 년 영국선교사들이 타히티에 와서 국왕 포마 2세(Pomare II) 의 신임을 얻어서 국왕의 고문관이 되었으며 섬 사람들의 고루한 악습을 타파해야 한다고 조언했다. 춤, 추잡한 노래, 나체 , 난잡한 성교, 심지어 머리에 꽃을 장식하는 것도 금지 시키도록 했다. 반면에 포경선원과 상인들이 1790 년 부터 이곳 폴리네시아에 들어와서 병을 퍼뜨렸고 매춘이 성행하고 술과 총 등 무기가 처음 이곳에 들어왔다. 천연 면역력이 없는 원주민들이 역병에 걸려 많이 죽었다.

쿡 선장이 처음 도착할 당시 타히티 인구가 40,000 명이던 것이 1800 년에는 20,000 명이 안되고 1820 년에는 6,000 명으로 줄어들었다. 마퀘사스(Marquesas) 섬의 경우는 더욱 심각하여 섬의 인구가 한 세기 동안에 80,000 명에서 단 2,000 명으로 줄었다.

1815 년부터 이곳에 온 선교사들은 왕의 고문관이 되며 정치와 법률에 관한 자문을 하여 타히티를 통치했다. 또 호주의 상인과 포경선원들과는 가까이 하지 말라고 조언했다. 포마 2세 왕이 1821 년에 죽고 그의 아들 포마 3 세가 왕위를 계승하여 6년 후인 1827년까지 타히티를 통치했다. 그 다음 왕으로는 나이가 어린 포마 4세 여왕이 왕위를 승계했다. 여왕이 철이 없어 오래있지 못하고 다음 왕이 들어설 때까지만 임시로 왕위에 있을 것으로 여왕의 선교 자문단은 생각했으나, 여왕은 50 년 간 오랜기간 타히티를 통치했다.

영국의 선교사들은 소사이티군도, 오스트럴군도와 투아모투군도 추장들의 고문이였으며 갬바이어 알케페라고와 마퀘사스군도는 프랑스 카톨릭 선교사들의 영향하에 있었다. 1836년 두 명의 프랑스 선교사 라발(Laval)과 캐럿(Caret)이 갬바이어 알케페라고 섬에서 타히티의 파페에테를 방문했는데 영국인들은 이 두 사람을 간첩으로 여기고 이들을 체포하여 국외로 추방하였다.

프랑스의 통치권 취득 (French Takeover)

프랑스는 라발(Laval) 과 캐럿(Caret)을 국외로 추방한 것을 국가의 모욕으로 생각하고 사과와 변상을 청구했다. 1842 년 두페티트 토우아스 제독은 이 문제 해결에 무력을 사용하기로 하고 군함을 파페에테(Papeete) 항구에 진입하여 섬을 향하여 함포를 겨누고 포마여왕에게 어거지로 책임을 지웠다. 그리고 프랑스 군인들은 카톨릭 선교사들과 함께 상륙하여 여왕의 고문관인 영국선교사 조지 프리트차드(George Pritchard)를 체포하여 국외로 추방했다.

1844 년 여왕은 라이아테아(Reiatea) 섬으로 피신하고 영국이 중재에 나서주기를 기대하고 있었다. 또한 몇몇 섬에서 게릴라의 반란이 일어났으나 1846년 반란은 진압되고 프랑스가 타히티와 모레아를 통치하게 되었다. 1847 년 여왕은 명목상의 나라의 대표에 불과한 신분으로 타히티에 돌아왔다. 1877년 여왕이 죽고 아들 파마 5세가 계승했으나 왕위에는 관심이 없었고 1881년 퇴위했다.

프랑스 세력은 점점 강해져서 소사이어티 군도까지 차지하게 되었다. 그러나 타이아테아군도에서는 세기 말까지 폭동이 계속 일어났다. 1881 년 갬바이어 알케페라고 군도가 합병되고 어스트럴 군도가 1900 년 합병되었다.

20세기의 프렌치 폴리네시아

타히티에서 1886 년부터 목화가 생산되면서 많은 노동력이 필요해 유럽과 중국에서 이민이 왔다. 1911 년까지 3천5백 명의 이민을 받아들였다. 다민족 사회가 형성되고 20세기에 들어서면서 경제적 붐이 일어났다.

1차 세계대전에는 약 1 천 명의 타히티군인이 유럽 전투에서 싸웠으며 2차 세계대전시에는 타히티 지원병들로 구성된 태평양 대대가 북 아프리카와 유럽 전선에 참전했다. 1943년에는 미군 5천 명이 보라보라 섬에 주둔하고 2킬로미터의 군용기 활주로를 건설했다. 2차 대전이 끝난 후 타히티 사람들은 독립이 될 것이라는 흥분은 잠시이고 1946 년에 프랑스의 식민지가 되었으며 식민 정치가 10년 간 지속되었다.

타히티의 경제 개발이 활기차게 시작된 시점은 1960 년대이다. 타히티에 공항을 건설하여 프렌치 폴리네시아는 세계에 문호를 개방했다. 이에따라 1962 년 미국의 MGM 사의 "바운티호의 반란" 제목의 영화를 이곳에서 촬영하면서 벌어들인 돈 수백 만 불을 경제개발에 쏟아 부었다. 1963년에는 프랑스가 프렌치 폴리네시아의 외딴 섬인 모루로와(Moruroa)와 환가타우화(Fangataufa)에 핵무기 실험센터를 설치하고 핵실험을 했다. 핵실험 때문에 폴리네시아의 자연과 사회적으로 그리고 경제적인 피해를 가져왔고, 핵실험에 항의 하는 격렬한 시위가 파페에테에서 일어났다. 프랑스의 원폭실험에 미친 영향에 대하여는 아직까지 논쟁이 계속 되고 있다. 핵실험으로 인하여 방사선 유출이 확인되었고 프랑스 정부도 환초의 산호원뿔이 갈라진 것을 시인했다. 그리하여 핵실험센터가 프랑스정부로 하여금 폴리네시아에 경제적으로 지원하도록 했다. 핵실험이 끝난 해 1996 년은 지난 30 년 간의 번영이 끝난 해이기도 하다. 1977 년부터 1996 년 사이에 폴리네시아는 국내정치와 자치권을 프랑스로부터 인계받았다.

오늘날의 프렌치 폴리네시아

프랑스로부터 독립한 후 프렌치 폴리네시아는 정치와 경제면에서 많이 발전되어 왔다. 그러나 지금같은 빠른 성장은 앞으로는 보기 힘들 것 같다. 이제까지는 프렌치 폴리네시아의 경제적 자립과 산업개발에 필요한 자금은 프랑스가 원조했으나, 지방정부가 대부분 낭비했다. 프랑스 정부가 자금 사용을 조사하여 원조를 삭감해서 프렌치 폴리네시아의 경제에 충격을 주었다. 프렌치 폴리네시아 대통령 가스톤 플로스(Gaston floss)가 장기집권하고 물러난 후에 4년 동안 일곱 번이나 정부가 바뀌었다. 폴리네시아는 경제적으로 취약하고 천연자원이 적어서 수입에 의존한다. 따라서 이 지역의 생활비는 비교적 높다.

이름 높은 산수에 접하려면
타고난 행운을 가지고 있지 않으면 안된다.
내게 정해진 때가 오지 않으면,
비록 근처에 있다 하더라도
산수를 찾을 기회를 갖지 못한다.

임어당 지음 [생활의 발견] 중에서

표준 시간대 (Time zones)

표준 시간대라고 하는 것은 동일 표준시를 사용하는 시간대이다. 지구는 자전하면서 태양의 주위를 돌아가는데 햇빛은 지구의 반쪽을 비친다. 이것은 아침이고 낮이다. 반대쪽은 저녁이고 밤이다. 이와 같이 지구는 동시에 낮과 밤이 있다. 그리하여 각 나라에 현지 시각 (local time)을 설정하였고 같은 시간을 가진 곳을 표준 시간대 라고 한다.

세계 표준시(UTC)와 그리니치 표준시(GMT)

세계표준시 (Coordinated universal time) 는 그리니치 (Greenwich Mean Time)보다 후에 나왔으며 그리니치 표준시를 계승한 것이다. 세계표준시나 그리니치 표준시는 동일하다. 또한, 현지 시간 (Local Time)이나 표준시간 (Time zones) 대를 정하는 기본이다. 세계표준시 (UTC)는 전자시계를 기반으로 하는 반면 그리니치 표준시(GMT)는 영국 런던의 템스 (Thames) 강가에 있는 그리니치 천문대(Greenwich Royal Observatory) 상공에 태양이 지나가는 시작이 경도 0도이며 정오 (Noon)이다.

날짜 변경선 (The International Date Line)

날짜 변경선은 180 경도를 따라 북국과 남극 사이를 임의로 정한 표지이다. 날짜 변경선이 필요한 것은 전세계가 동일시간을 쓰는 것보다 지역에 따라 현지 시간을 갖는 것이 필요하기 때문이다. 지구는 하루 한번 360도 자전하며, 한번 자전하는데 걸리는 시간이 24 시간이다. 이 중간 지점인 180도에 날짜 변경선을 설치했다. 본초 자오선 기점인 그리니치가 정오(아침 12:00시)이면 날짜 변경선에서는 자정 (24:00시) 곧 0 시이다.

날짜 변경선은 경도 180으 를 따라 북극권에서 시작하여 베링해 (Berling sea) 를 지나서 태평양 중간을 통과하면서 육지는 피하고 바다에 직선으로 남극권까지 내려간다.

태평양의 중서부에 있는 마이크로네시아 키리바시(Kiribati) 공화국에 와서는 네모꼴로 돌다가 다시 내려간다. 날짜 변경선 동쪽으로 향하여 넘으면 같은 날짜가 되풀이되고 서쪽으로 넘으면 하루가 빨라진다. 남태평양에서 날짜 변경선에 제일 가까이 있는 나라는 뉴질랜드, 피지, 통가 등이다.

-아무것도 원하지 않는 곳에 행복이 있다. - (소크라테스)

프렌치 폴리네시아
French Polynesia

프렌치 폴리네시아 (French Polynesia)

프렌치 폴리네시아는 꿈에 그리는 지상낙원이며 세상에서 제일 아름다운 섬들이 있다고 한다. 천혜의 자연 환경과 쾌적한 기후는 여행자의 마음을 사로 잡는다. 연초록에서 파란색까지 변화무쌍한 빛깔의 바다가 끝없이 펼쳐져 있고 눈부시게 흰 모래밭과 하늘 높이 솟은 야자수들은 정감을 더해준다.

화산이 폭발하면서 생긴 라군(Lagoon)은 코발트색으로 빛난다. 이 아름다운 자연 환경을 잘 이용하여 낭만적인 호화 수상 방갈로와 호텔 등 수준 높은 휴양지로 개발하였으며 스노클링과 등산 등의 야외 활동에 필요한 모든 것이 잘 갖추어져 있어 세계인들의 사랑을 받고 있다

프렌치 폴리네시아는 118개의 섬으로 이루어져 있으며 오백만

평방 킬로미터의 광활한 바다에 퍼져 있다. 그 면적은 유럽 전체 면적만큼이나 넓다. 인구는 245,000명 가량인데 대부분이 도시나 바닷가에 살고 있다. 폴리네시아에 언제부터 사람이 살게 되었는가 또 어느 곳에서 왔는가 하는 것은 원주민이 문자를 가지고 있지 않아서 유럽인이 오기 전의 역사에 대하여는 잘 모른다. 근대의 학설은 필리핀과 대만에서 왔을 것이라고 한다.

폴리네시아의 생태계

폴리네시아의 섬들은 남태평양의 남동쪽에 멀리 떨어져 있어 동물과 식물이 옮겨오려면 헤엄을 치거나, 표류되거나, 날아오지 않는 한 사람이 옮겨 놓아야 이 섬에 올 수 있다. 그리하여 남태평양의 서쪽에 있는 섬들에 비하여 동물과 식물군이 제한적일 수 밖에 없다.

폴리네시아 섬에는 하와이 섬과 마찬가지로 "뱀"이 없다. 그러나 여러 종류의 곤충과 조류가 있다. 바다새(해조), 제비 갈매기, 군함새(열대산의 맹금), 바다 제비(성베드로와 같이 바다위를 걷는 것처럼 보인다는데서 유래), 가마우지(부리는 길고 발가락 사이에 물갈퀴가 있어 물고기를 잡아 먹음) 등이다. 폴리네시아 섬들에는 육지에 사는 동물의 종류가 적은데 비하여 바다밑에는 많은 종류의 생물이 있다. 산호초가 바다 생물이 자라는데 좋은 환경을 주었기 때문에 빠른 시일 내에 수중 생물의 개체수가 많아졌다. 모든 종류의 바다 생물이 폴리네시아 바다속에는 다 있다. 해삼, 상어, 참꼬치류, 쥐가오리, 곰치류, 뱀장어, 돌고래, 멸종 위기에 있는 후누 바다 거북, 엘렉트라 돌고래, 난쟁이 범고래, 멜론 머리고래 등 많은 종류의 어류가 이곳 바다에 모이게 된 것은 진기한 현상이다. 타히티, 모레아와 루루투에서는 곱사등 고래(돌고래)와 함께 수영을 할 수도 있다.

옛날 폴리네시아 원주민 항해자들은 초목 등 식물이나 과일을 다른 섬에서 가져 왔다. 19세기에는 선교사와 개척자들이 장식용 초목과 상업용 식물을 가져 왔고 이 섬에서 저 섬으로 여러 종류의 초목이 옮겨졌다. 폴리네시아의 섬들은 대부분 환초로 되어 있어 토양이 좋지 않다.

바람이 많이 불기 때문에 관목이 무성하고 덤불이 많다. "코코야자" 나무가 제일 잘 자란다. 폴리네시아의 산에는 높이에 따라서 다른 종류의 초목이 무성하게 자라고 있다. 촘촘히 숲을 이루어 들어가기가 힘들다.

대항해 시대

16세기부터 18세기에 걸친 시기는 절대 왕정 혹은 절대주의 시대라고 한다. 유럽의 주도권은 지리상의 발견을 선도한 포르투갈과 스페인에서 네덜란드, 프랑스, 영국으로 옮겨지게 되었다. 위험을 무릅쓰고 미지의 바다로 나갔다. 새로운 인도 항로의 개척과 신대륙의 발견이 유럽에 미친 영향은 대단한 것이다.

인도 항로를 통하여 솜, 차 등 새로운 물건이 소개되었다. 신대륙 북미와 남미에서는 감자, 담배, 코코아, 설탕, 커피가 들어와서 유럽 사람들의 생활에 변화가 생겼다. 이중에서 감자는 흉년의 구황작물로 많은 사람들의 생명을 구했다.

신대륙에서 발견된 많은 양의 금과 은을 갖고 왔다. 포르투갈과 스페인은 이 금과 은의 힘으로 유럽의 패권국이 되었다. 또한 신대륙과 인도 항로의 발견이 유럽의 산업 혁명에 큰 역할을 하였다. 거대한 시장이 생김으로 상인과 제조업자의 할 일이 많아지고 주식회사 금융조직이 발전하고 경제 활성화를 이루었다. 세계의 활동 무대가 지중해에서 대서양으로 이동했다. 대서양 중심 세계의 성립은 유럽 여러 나라가 세계의 패권 국가로 등장하는 시작이었다.

함께 읽는 역사 이야기

유럽을 팽창시킨 "선점(先占)의 원칙"

절대주의 시대(16~18 세기)는 유럽이 식민지와 시장의 획득을 목표로 앞 다투어 다른 지역으로 진출하는 "유럽 팽창의 시대"였다. 유럽 여러 나라는 귀중한 상품이 나는 지역을 확보하기 위해 군대를 파견, 원주민을 약탈했다. 16세기 제일 먼저 지배적 지위를 차지한 것은 아메리카 대륙에 식민지를 둔 스페인과 아시아에 진출한 포르투갈이었다. 17 세기 전반에는 네덜란드가 패권을 잡았다. 뒤늦게 식민지 쟁탈전의 나라들은 스페인과 포르투갈에 맞서기 위해 나중에 "국제법의 아버지"라 불린 네덜란드의 그로티우스(Hugo Grotius)가 고안한 "선점"(occupation) 원칙을 이용했다. 이는 "가령 그 지역을 사실상 지배하는 주민이 있어도 국제법의 주체인 국가에 의해 지배되어 있지 않은 한 주인없는 땅이며 처음으로 실효성있는 지배를 한 국가의 영유가 인정된다" 고 하는 것으로 서유럽이 식민지를 확대할 때 논거로 이용했다.

–미야자키 마사카츠 지음, 이영주 옮김 [하룻밤에 읽는 세계사 1] 중에서

타히티
Tahiti

chapter 07

프렌치 폴리네시아의 관문
타히티(Tahiti)

타히티는 폴리네시아에서 제일 큰 섬이다. 파페테(Papéete)가 수도이다. 프렌치 폴리네시아는 관광객의 대부분이 이 도시로 들어오는 관문 역할을 한다.

파페테는 국제공항이 있고 크루즈 선박과 화물선이 접안할 수 있는 시설이 잘 되어 있다. 타히티는 프렌치 폴리네시아의 정치, 산업, 금융의 중심 도시이고 프랑스 고등 판무관의 관저도 이곳에 있다. 프렌치 폴리네시아의 다른 섬들과 마찬가지로 이곳에는 여러 가지의 휴양과 관광과 오락시설이 잘 갖추어져 있다.

타히티 섬 모양은 둥그렇게 생겼으며 작은 섬 하나가 옆에 붙어있다. 면적은 1,045km²이다. 제주도 면적(605km²) 보다 훨씬 크다. 섬 중심부에는 높은 산들이 차지하고 있다. 해발 1,000 미터에서 2,000

미터 높이의 산이 열 개가 넘고 2,000 미터가 넘는 산도 세 개나 있다. 제일 높은 산은 오로헤나(Mt.Orohena) 산으로 높이가 2,241m 이다.

이 섬에 들어가고 나올 때 크루즈 선상에서 멀리 바라보면 산들이 먼저 눈에 들어 온다. 산세가 좋아서 훌륭한 등산 트레일이 많이 있다. 제일 높은 산인 오르헤나산 등반도 그 중 하나이다. 가파른 비탈길을 올라가야 하지만 정상에서의 경관은 깜짝 놀라게 한다. 덜 힘들고 가볍게 등산하려면 섬의 구석구석에 나있는 오솔길을 따라서 편안하게 걸을 수도 있다. 산이 많은 만큼 골짜기도 많아서 폭포가 많이 있다.

타히티의 도로는 잘 되어 있다. 양 방향 4차선은 분리대가 있고 잘 포장되어 있다. 폴리네시아 섬들 중에서 이곳의 차도가 제일 잘 포장되어 있다. 타히티에서 제일 중요한 도로는 섬주위 해안을 따라 차도가 있는데 섬을 일주하는 거리는 114km 이다.

산호초에 둘러 싸여 있는 얕은 바다는 스쿠버 다이빙, 스노클링과 윈드서핑 수중 경기 등 원하면 어떤 것이든지 할 수 있다. 밤이 되면 해안에는 유흥업소가 늘어서 있어 새벽 4시까지 문을 열고 있다.

바운티 호의 반란(Mutiny On The Bounty)

영국 함선 바운티(HMS Bounty)호의 노련한 선장 부리히(William Bligh)는 타히티에서 생산되는 빵나무열매(Bread Fruit)를 가져다가 카리부해에 있는 영국식민지의 아프리카 노예들에게 먹이는 임무를 받았다. 18명의 원정대를 지휘하여 길고 험난한 10개월의 항해를 한끝에 1788년 9월 타히티에 도착했다.

그러나 빵나무 열매의 철이 지나서 다음 수확기까지 6개월 간을 타히티에서 기다려야만 했다, 부라히선장이 3주 후에 다시 오기로 하고 떠나고 선장의 동료인 크리스티안(Fletcher Christian)이 선원들을 지휘했다.

그런데 난폭한 행동이 갑자기 벌어지고 반란이 일어났다. 폭동이 무엇때문에 일어났는지 여러가지 관점이 있다. 폭도들이 마약에 중독되었는지, 선원들이 타히티 여자를 취했다는 등을 원인으로 보았다. 다만 부리히 선장이 그들을 섬에 남겨 두고 떠났다는 것이 폭동의 동기를 주었다고는 보지 않는다.

크리스티안을 비롯한 폭동자들은 반란 후에 다른 섬에 갔다가 타히티로 다시 돌아와서는 두 그룹으로 갈라졌다. 크리스티안 그룹은 일부 선원과 타히티 사람들을 데리고 은신처를 찾아서 멀리 떨어져 있는 피트카인(Pitcain)섬으로 떠나고 다른 그룹 16명은 타히티섬에 그대로 남아 있었다.

부리히선장이 영국으로 돌아가 반란 사실을 보고하여 폭도들을 잡기 위하여 수색에 나섰다. 에드워드(Edward) 선장이 판도라(Pandora) 함선의 추적대를 지휘하여 피트카인 섬에 왔으나 깊숙이 숨어 있는 반란자들을 잡을 수가 없었다.

그러나 타히티섬에 있는 폭도 16명 중 14명을 잡아서 철장우리에 가두고는 배에 싣고 영국으로 돌아오던 중에 호주 동북부 연안에 있는 "그레이트 바리어리후(Great Barrier)"에서 배가 침몰하여 폭도들이 다 죽고 살아 남은 죄수 3명 만을 데리고 돌아와 반란죄로 교수형에 처했다.

근대에 와서 이 반란사건에 관여한 사람들에 대한 평판이 있는데 부리히선장은 친절하고 좋은 사람으로 보는 반면에 크리스티안은 마약중독자이며 미친사람이라고 보는 견해가 많다고 한다. 반란의 원인에 대하여 지금까지 알려진 것 이외에 또 다른 무엇이 있을 것이라고 한다. 어쨌든 폭동 반란 사건에 대하여 오랫동안 화제가 되었으나 그 원인에 대하여는 토론의 여지가 있고 미결로 남을 것이라고들 한다.

바운티함 승무원들의 이 기괴한 반란사건은 역사상 가장 유명한 해군 반란 사건이다. 특히 영국왕실의 함선 선원들의 반란이므로 더욱 유명해졌다. 이 반란사건에 관한 책과 헐리우드 영화가 많이 있다.

1935년 클라크 게이블(Clark Gable) 주연의 "바운티호의 반란" 과 이 영화를 고쳐 만든 말론 브란도(Marlon Brando)주연으로 1962년의 동명 영화가 유명하다.

1984년 제작된 "더 바운티(The Bounty)"도 각광을 받은 영화이다. 프렌치 폴리네시아의 모레아섬의 장려한 풍경을 배경으로한 안소니 홉킨스(Anthony Hopkins)가 부리히선장 역을 맡고 멜 깁슨(Mel Gibson)이 핸섬한 후렛처, 크리스티안 역을 맡았다.

부리히선장은 제임스 쿡선장 밑에서 훈련받은 수완이 있는 사람이며 훌륭한 항해사이고 해양 탐험가였다. 충성스러운 선원들을 지휘하여 통가(Tonga)에서 서쪽으로 멀리 있는 네델란드령 동인도제도(오늘날의 인도네시아)까지의 7천 킬로미터를 항해하는 중에 유럽인으로는 처음으로 피지(Fiji)섬을 발견했다.

2004년 타계한 말론 브란도가 "바운티호의 반란" 영화 촬영을 위하여 타히티섬으로 1962년에 왔을 때 함께 출연한 족장의 딸과 결혼하면서 족장으로부터 선물로 받은 섬이 "테티아로아" 섬이다. 말론 브란도는 한동안 이 섬에서 살았다. 이 섬은 타히티에서 비행기로 20분 정도 떨어진 거리에 있고 지금은 개인 소유로 할리우드 스타 등 세계 부호들이 즐겨 찾는 휴양지로 유명하다. 버락 오바마 전 미국대통령이 퇴임후 부인 미쉘과 함께 이 섬에 머물기도 했다. 지금은 말론 브란도 자녀들이 섬전체를 리조트로 개발해 관리하고 있다.

-lonely planet 4th , Edition중에서

파페테 (프렌치 폴리네시아)
Papeete

chapter 08 

프렌치풍 이국적 정서가 있는 도시
파페테(Papeete)

파페테는 프랑스 풍의 이국적인 정서가 있는 도시이다. 아름다운 해변과 푸른 바다가 적은 대신 도심의 상가에는 사람들이 북적거리고 가끔 보도에 앉아서 우크렐레(하와이 원주민의 기타 비슷한 4현 악기)를 흥겹게 연주하는 녀석도 보인다. 좁다란 해안의 거리는 사람들이 많이 모이고 음식점이 늘어서 있다. 이 도시의 밤거리는 요란하고 술집이 성시를 이루고 있다. 지나치게 저속하게 변해간다는 우려도 있다. 또 한편으로는 도시의 변두리는 좀 지저분하고 초라하다. 도심과는 대조가 된다. 떠들썩한 해안지역은 또 하나의 큰 구경거리가 있다. 수많은 요트가 길게 늘어서 있고 화물선과 이웃섬을 왕래하는 페리가 바쁘게 드나들고 있다. 사람들은 배에서 내려서 부산하게 걸어가고 짐을 내려서 이리저리로 옮기고 있는 광경을 볼 수 있다.

이곳에서의 옵션관광은 여러가지가 있다. 타히티의 문화재 관광을 네 시간 동안하는 것, 해안을 따라서 아름다운 경치를 보면서 사진도 찍고 18세기 유럽의 탐험대와 선교사들이 들어 왔던 역사적인 장소를 보러 가는 세 시간 코스와 산악용 자동차를 타고 산골짜기로 들어가서 폭포수와 열대우림의 식물과 꽃 등을 보러가는 것, 배를 타고 바다에 나가서 돌고래와 열대어류를 보고 잠수도 하는 코스 등 여러가지가 있다. 특히 타히티는 수온이 따뜻하고 바다물이 맑아서 스쿠버 다이빙 하기에 좋은 곳이 많이 있다. 초보자를 위한 탱크(산소통) 하나짜리 잠수와 면허증이 있어야 하는 탱크 두개짜리 잠수가 있다.

우리의 크루즈 배는 12월 1 일에 알로휘(Alofi) 를 떠나서 나흘 만에 이 곳 타히티에 도착했다. 아침 여덟시에 입항하였으며 오늘 밤은 이곳에 정박하였다가 내일 아침 다섯시에 멀지 않은 곳에 있는 모레아섬으로 떠나게 된다.

타히티섬은 남색의 깊은 바다가 섬을 둘러싸고 있고 푸른 하늘을 배경으로 뾰족뾰족 솟은 웅장한 초록색의 산들이 섬 전체를 차지하고 있다. 이곳에서의 옵션 관광으로 여러가지의 코스가 있다. 나는 타히티 섬 주위를 일주하면서 여기저기 유명 관광지를 둘러보는 일정을 택했다. 일곱 시간동안 다닐 예정이다. 우리가 탄 관광 버스는 아침 9시에 출발하여 처음 도착한 곳은 사적지로 지정된 제임스 홀(James Horman Hall 1887~1951)이 살던 집이다.

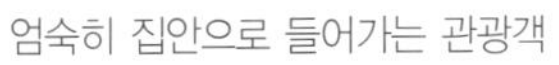
엄숙히 집안으로 들어가는 관광객

서재에서 식당으로 가는 통로

많은 책이 있는 홀의 서재

처칠수상 그림이 있는 서재

나무 그늘이 드리워져 있는 뜰 안에 있는 아담한 집이다. 우리는 안내를 받아 집 안으로 들어갔다. 복도를 따라 방은 여섯 개가 있는데 방마다 1920 년 무렵의 가구와 기록물 또 많은 사진이 벽면을 채우고 있다. 방마다 여러 개의 서가가 놓여 있고 많은 책들이 들어 차 있으며 잘 정돈되어 마치 도서관 같다. 우리들은 이방에서 저방으로 돌아가면서 관리인의 설명을 들었다. 모두들 엄숙한 표정으로 경청을 한다. 방을 다 돌아보고는 마지막 방에가서 모두들 의자의 앉아서 다과를 즐겼다.

제임스 홀은 유명한 현대문학 작가이며 시인이고 수필가이다. 또한 탐험가, 군인, 전투기 조종사로서 빛나는 공훈으로 훈장을 많이 받았다. 그리고 사랑하는 아버지이다.

제임스 미치너가 홀에 대하여 "그는 이제까지 타히티에 살았던 미국인 중에서 모든 사람으로부터 많은 사랑을 받았다고 했다. 그리고 그는 유럽태생이지만 세계대전시 모든 유럽인들이 어려운 상황에 있던 것과 비교하여 운좋게도 타히티 섬에 안주하게 된 사람" 이라고 하였다. 그는 온화한 성품과 유머감각이 있고 사람들을 배려하며 가난한 사람들을 도와주려고 하였다. 이곳을 둘러보고 느낀 것은 제임스 홀이 근 백년전 이 황무지 외딴 섬에서 책을 읽으며 오직 저술에만 집념하면서 살았다는 것을 생생하게 환기시켜 주었으며 감회가 깊었다.

제임스 홀의 저서는 1916 년 킷처너의 맙(Kichenmer's Mob)을 시작으로 1952 년까지 15 권의 책을 저술했다. 또한 찰스 노도프와 함께 쓴 책인 "바운티 호의 반란"을 비롯하여 12권 책을 썼다. 그리고 홀과 노도프 공저의 소설을 기초로 제작된 영화 8편이 있다.

다음에는 항구의 동쪽 끝에 있는 쿡선장이 1769년에 세운 천문대를 보러갔다. 이 천문대는 쿡선장이 금성이 태양 앞을 통과하는 때를 기록하여 태양과 지구사이의 거리를 측정하기 위하여 건축한 것이라고 한다.

근처에 이 섬에서 유일한 등대가 있는데 1867년에 세워졌다고 한다. 등대 주위의 해변은 검은 모래 사장이고 나무 그늘이 있어 어둡고 음산한 느낌이 들었다.

가족사진이 있는
침실의 침대

응접실에 모여 앉아
설명을 듣고 있다

1789년 영국 탐험대의 범선 그림

제임스홀의 묘비와
생존시의 모습

제임스홀 집의 실물사진

검은 색깔의 모래사장에서 사진을 찍고 있는 아내

1867년에 세워진 등대

이 섬의 유일한 등대로 오르는 문

해변에 있는 공원

우리들은 버스에 올라 한참 가다가 점심 식사를 하기 위하여 바닷가에 있는 특별한 식당으로 갔다. 이 식당 건물은 한쪽 면이 바다위에 세워져 있고 주위의 바다는 양어장이다.

몇 백평에 달하는 양어장 둘레로 그물로 된 울타리가 쳐져 있다. 그 가운데로 주황색 판자로 만든 다리가 수면 위로 길게 놓여 있었다. 넓다란 식당 안은 고풍스럽게 장식되어 있고 바다쪽 벽면 전체가 유리 창문으로 되어있고 테이블과 의자가 놓여 있어 식사를 하면서 아름다운 바다경치를 감상할 수 있었다. 음식은 뷔페식인데 타히티의 전통 요리와 프랑스식을 가미하여 만든 음식이다. 대부분 처음으로 맛보는 것이었다.

음식들은 모양이 있는 그릇에 담아서 테이블 위에 놓여 있고 큰 테이블과 작은 테이블 여러 개가 띄엄띄엄 놓여 있어서 그 사이를 돌아가면서 음식을 골라 먹도록 되어 있다. 음식 재료는 해산물, 채소, 과일, 열매 등 인데 코코넛으로 만든 음식이 많이 있었다. 케익과 빵 종류도 여러가지이고 수프 종류도 많은데 모두 처음으로 먹어보는 음식들이지만 맛있게 먹었다. 서비스도 좋았고 모두들 친절하였다.

식사 후에 밖에 나가서 야자수가 늘어선 바닷가를 산책하고 양어장도 둘러보면서 사진 촬영을 하였다. 멀리 바다가 보이는 활처럼 휘어져 있는 만 안으로 초록색의 바다 위로 뭉게구름이 떠있는 풍경은 아름다웠다. 따뜻한 햇빛과 조용한 해변은 열대 지방의 정서가 있다.

우리는 버스에 올라타고 서해안 방향으로 가다가 타라바오 (Taravao)에 왔다. 이곳은 타히티 섬을 일주하는데 중간지점이며 또한 타히티 본섬인 타히티 누이(Tahiti Nui)에 붙어 있는 작은섬인 타히티이티(Tahiti Iti)로 가는 폭이 좁은 지협 (두 육지를 잇는 좁은다리 모양의 육지) 이 있다. 작은 섬에 가지 않으려면 똑바로 가야 한다. 조금 가면 열대식물원과 고갱 박물관이있다.

고갱(Paul Gauguin 1848–1903) 은 후기 인상파 화가이며 이 섬에서 생애 마지막까지 살면서 작품 활동을 했다. 그를 기념하기 위하여 세워진 박물관이다. 그러나 원화가 많이 전시되어 있지 않다고 한다. 우리는 이 곳을 들르지 않고 가까운 곳에 있는 폭포수 공원에 갔다. 공원에는 열대 수목 사이로 오솔길이 구불구불 길게 이어져 있어 산책하기에 좋은 곳이다.

청명한 날씨와 높은 하늘에는 구름이 한가롭게 흘러간다. 열대 지방의 온화한 날씨와 향기 품은 산들 바람은 저절로 미소를 짓게 한다. 숲 속은 조용하다. 새들의 지저귀는 소리도 들리지 않는다. 주위에는 각양각색의 꽃들이 둘러싸고 있다. 하늘높이 서 있는 야자수와 키가 작은 관목들이 어우러져 있다. 산책로 곳곳에는 작달만한 폭포가 있고 쉬어서 가는 정자도 있다. 연못에는 알록달록한 열대어가 떼를 지어 돌아다니고 있다.

구름이 아름다운 바다 경치

식당 옆 양어장에 들어가는 주황색 판자로 된 다리

바다 위에 세워진 타히티 전통요리 식당

활처럼 휘어져 있는 파페에테만

야자수가 아름다운 산책로

노자가 이르기를 "자연은 말이 없다."고 했다. 자연의 홍취를 즐기는 것도 여행의 즐거움이다. 이 산책로를 끝까지 다 돌아 다니려면 두 시간이 소요되므로 더는 가지 않고 다음 행선지로 떠났다.

우리가 탄 버스는 남쪽 해안도로를 지나 지금부터는 서쪽 해안을 따라갔다. 타히티 시내는 4차선 도로였으나 도심을 벗어나면 차선이 좁아지고 다니는 차들도 많지 않다. 도로의 오른쪽은 산이고 왼쪽은 바다가 보인다. 길 양쪽으로 드문드문 나지막한 집이 있는데 울타리가 있는 집도 있고 없는 집도 보인다. 도로 오른쪽에 있는 집 뒤쪽은 밀림이고 산으로 들어가는 길도 보이지 않는다. 왼쪽에는 바다가 멀리 보이고 제법 큼직한 건물도 더러있다. 차창 너머로 흐르는 풍경을 감상하는 중에 어느덧 도착한 곳은 타히티박물관이다. 오늘 답사의 마지막 코스로 타히티 서쪽해안 끝의 푸나아우이아(Puna'auia)에 있는 이 박물관은 태평양에서 가장 우수한 소장품이 많이 있는 박물관 중의 하나이다. 이 곳에는 고고학으로 발굴하여 선별한 폴리네시아의 예술품과 공예, 옷 장식품, 농기구, 역사, 환경 등을 실물과 그림으로 전시하고 있다. 옛날의 타히티 모습을 잘 표현해 주고 있다. 특히 "디오라마" 투시화로 과거의 실상을 잘 표현한 것이 매우 인상적이다.

(주) 디오라마(Dioramas)는 입체 소형 모형에 의한 실물과 같은 관경을 표현하는것

문신 (Tattoo)

오늘 날의 문신은 취미로 또는 멋지게 보이기 위하여 하고 있지만, 옛날 폴리네시아인들은 높은 지위를 표시하는데 쓰였다. 성인이 되었을 때 치르는 성인식에서 부족의 일원이 되었다는 의식의 하나로 문신을 하였다.

남자는 용감하다는 표시이고 여자는 음식을 잘 만든다는 표시로 손에 문신을 한다. 또한 신분과 지위를 표시하는 문신을 하고 성장 단계별로 해서 몸 전체가 문신으로 덮이게 된다. 전투에 나가는 용사들은 얼굴에 문신을 하여 적에게 무섭게 보여 위협을 한다.

모레아 (프렌치 폴리네시아)
Moorea

chapter 09

자연의 아름다운 마법의 성 모레아(Moorea)

모레아는 신비한 섬이다. 자연의 아름다움이 청록색의 화려한 바다에서 마술적으로 솟아오른 것 같다. 이것은 백만 년 전 화산폭발로 형성되었다. 지질학자들은 천 년 전에 화산 폭발로 섬 북쪽이 바다 밑으로 갈아 앉은 것으로 추측한다. 그 결과로 지금의 모레아섬이 하트 모양으로 생겼다. 오랜기간 침식활동으로 산은 톱니같이 뾰족뾰족한 봉우리를 이루고 있다. 또한 섬 북쪽에는 아름다운 두 개의 만이 장관이다. 동쪽에 있는 것은 오푸노후(Opunohu) 만이고 서쪽에 있는 것은 쿡스(Cook's) 만이다. 이 두 개의 만 사이를 갈라 놓은 쐐기와 같은 곳에는 벨베데레(Belvedere) 전망대가 있다. 이곳에서 양쪽 만과 로투이(Rotui) 산을 내려다보는 눈부신 전망은 감탄할 만하고 남태평양의 파노라마를 제공한다.

이섬의 인구는 만 육천 명에 불과하지만 다른 타히티 섬과 마찬가지로 일 년 내내 서유럽 사람들의 매력있는 여행지이다. 주말에는 다른 섬에서도 많이 온다. 흰모래의 해변에서 편안하게 쉬는 사람들도 많이 있고 모레아는 산이 많아서 탐험하기에 좋은 곳이다. 사륜 사파리 산악자동차를 타고 깊은 계곡과 험준한 산에 들어가 볼 수도 있다. 또는 열대 과일주스와 과일술 만드는 공장을 가 볼 수도 있으며 폴리네시아 문화를 체험하기 위하여 티키(Tiki) 마을에 가보는 것도 좋다. 이 마을은 쿡선장이 처음 이곳에 왔을 때 있었던 전통 타히티 사람들의 촌락을 재현해 놓은 곳이다.

오늘날 화가, 도예가, 장인들이 이 마을에 살고있다. 남태평양에서 가장 아름다운 일몰을 볼 수 있는 곳도 이곳이다. 영화 "남태평양" 에서 신비의 섬 "발리하이"로 유명한 뮤지컬 영화는 이곳이 무대이다. 내가 젊었을 때는 총천연색 영화가 많지 않아서 인지 더욱 인상깊게 보았던 기억이 난다. 특히 흙진주는 이섬의 특산품이고 세계적으로 유명하다. 이곳에서 어떻게 시간을 보내는지에 따라서 모레아를 떠나는 날 이섬에 대한 느낌은 다를 것이다. 열대의 지상낙원이라고 하는 사람도 있고 그렇지 않을 수도 있을 것이다.

크루즈 여행에서 제일 신나는것은 배가 항구에 도착할 때마다 배에서 내려 관광을 하는 것이다. 이번 크루즈 승객 중 질반 정도는 옵션관광을 하는 것 같다. 나머지는 개별로 돌아다니거나 밖에 나가지 않고 배에 남아 있다. 나는 언제나 옵션 관광을 택했다. 오늘 가는 곳은 프렌치 폴리네시아에서 제일 아름답다는 청록색 라군의 수정처럼 맑은 바다에서 가오리와 함께 수영과 스노클링을 하는 것이고 또 하나는 무인도와 비슷한 고립된 작은 섬에서 피크닉을 하는 일정이다.

우리 크루즈선 옆을 지나고 있다

구름에 가려있는 모레아의 뾰족한 산봉우리가 신비롭다

가이드의 설명을 듣고 있다

우리들은 보트에 몸을 싣고 기분 좋게 출발하였다. 사방이 터져있는 배는 지붕이 있어 햇볕을 가려서 시원한 바람이 불어 온 몸을 감싸 안는다. 옥색 라군에서 바라보는 모레아 섬의 경관은 감탄을 자아내게 한다.

높이 치솟은 뾰족한 산봉우리와 울창한 산림은 보석같이 빛난다. 모레아의 바다는 수십 가지의 빛깔의 황홀한 색깔을 가졌다. 연초록색에서 짙은 파란색에 이르기까지 폭넓은 변화 무쌍한 빛깔을 보여준다.

보트는 속도를 높여 시원하게 달려가는 중에 선장은 모레아에 대하여 열심히 설명을 하였다. 배가 멈춘 곳은 수심이 얕고 가오리와 상어, 열대어가 많이 있는 곳이다.

모두들 배에서 내렸다. 물이 가슴 정도 오는 얕은 바다이다. 물 밑이 훤히 보이도록 맑고 수온도 시원하게 느껴진다. 현지 가이드가 생선 먹이통을 허리에 차고 가오리에게 하나씩 먹이고 있었다. 바다

커다란 야마하(yamaha)모터 두개를 단 보트가 달리고 있다

수상 방갈로는 관광객 누구나 동경하는 것이다

어류 중에서 가장 온순한 이녀석은 사람을 무서워 하지 않고 가까이 와서 유유히 돌아다닌다.

생선 한 조각을 받아먹고는 가지 않고 주위를 맴돌고 있다. 생선 냄새를 맡았는지 많은 가오리 떼가 모여들고 있다. 모두들 가오리를 만져보려고 가까이 갔다. 나도 가이드 옆에 가서 가오리 등을 만져 보았다. 그 촉감은 미끈미끈 하나 단단하다.

바닷가에 있는 방갈로

외로운 가오리

상어떼들

작은 상어도 돌아다니고 있으나 가까이 다가오지는 않는다. 남태평양의 화려한 바다에서 수영을 하는 꿈을 오늘 이루었고그 감동은 잊을 수가 없을 것이다.

바닷물이 이렇게 아름다운 곳은 남태평양 특히 프렌치 폴리네시아에 특히 많이 있다.

바닷물은 차지도 않고 시원스럽게 느낄 정도이다. 지금 이곳에서 수영과 스노클링을 하는 사람들은 백인과 흑인, 노인과 젊음이 등

나는 오늘 남태평양에서 수영하는 꿈을 이루었다

가오리와 같이 수영을 하고 있는 관광객들은 즐거운 것 같다

다양한 사람들이 모여 있다.

바다는 끝없이 펼쳐져 수평선이 하늘에 닿았고 하늘에는 구름이 한가로이 흐르고 있다. 바다 밑은 모래가 아니고 뾰족뾰족한 산호초가 깔려 있어 신발을 신어야 한다.

이 바다가 이렇게 고운 것은 산호초가 바다 밑에 있어 황홀한 빛깔을 만들 수 있다고 생각된다. 시간이 되어 아쉽지만 보트에 올라 다음 행선지로 떠났다. 이곳 라군내의 바다는 연한 푸른빛과 남빛 그리고 푸르스름한 옥색으로 수시로 변하는 신기한 바다 색깔을 자랑하고 있다. 바다 밑이 훤히 드려다 보이는 맑은 바다에는 가오리

카누를 타고 있다

나무가 울창한 작은 섬

뾰족한 산호초가 바다 밑에 깔려 있어 신발을 신어야 한다

수평선이 하늘에 닿았다 아내가 스마트폰으로 찍은 사진들이다

가오리가 다가오고 있다

와 작은 상어떼들이 배와 나란히 헤엄쳐 가고 있다. 보트 선장이 설명하는 주변의 작은 섬들에 대한 전설을 들으면서 도착한 곳은 수정같이 맑은 바다에 둘러싸여 있는 흰 모래 밭의 섬이다.

수심이 얕아 보트를 섬에 대지 못하고 수십 미터 떨어진 곳에 보트는 멈추어섰다.

우리는 보트에서 내려 얕은 바다를 걸어서 해변 모래 밭에 갔다.

현지인이 식사 준비를 하고 있다

우리 부부는 코코넛 나무 그늘 아래에 자리를 잡고 앉아서 남국의 풍취가 있는 아름다운 경치를 감상하면서 조용한 한 때를 즐겼다. 은빛 모래 밭은 길게 펼쳐 있고 코발트색의 바다는 눈이 부시다.

점심 때가 되어 현지의 뱃사람이 준비한 식사에 전통 음악을 곁들여 맛있게 먹었다. 점심 식사 후에도 더 많은 전통 음악 연주와 코코넛 껍질 벗기는 방법을 감상하였다.

보트를 타려고 가고 있는 중이다

모든 순서가 끝나고 우리는 보트가 있는 곳까지 걸어서 우리가 처음에 타고 온 캐터머란(Catamaran) 쾌속정을 타고 항구로 돌아왔다.

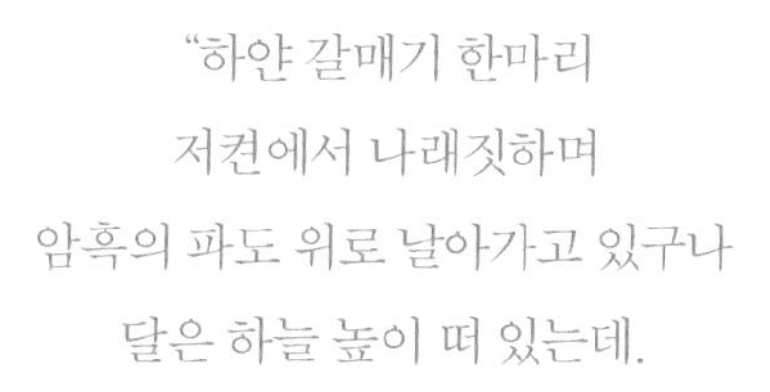

"하얀 갈매기 한마리
저켠에서 나래짓하며
암흑의 파도 위로 날아가고 있구나
달은 하늘 높이 떠 있는데.

상어와 날치는
바다에서 날쌔게 튀어 달아나고
갈매기는 거듭하여 오르내리고 있구나
달은 하늘 높이 떠 있는데.

오, 사랑이여 덧없는 영혼이여,
그대가 불안과 슬픔에 떨고 있다니!
파도는 그대에게 너무 가까이 있구나
달은 하늘 높이 떠 있는데.

하이네 (세레피네) 중에서

"자연으로 들어가는 한가로움 그리고 고향의 품에 안기는 듯한 따스함을
나는 소박한 원시적인 자연을 대할 때마다 느꼈다."

-헤르만 헤세 (인도기행) 중에서.

야자수(야자나무)

종려과의 상록교목으로 열대지방에 자라는데 잎은 우상복엽(잎꼭지의 양쪽에 작은 잎이 새의 깃 모양으로 이룬 복엽)이며 줄기 맨 꼭대기에 무더기로 난다.

꽃은 단성(생물의 생식 기관이 암이나 수의 한쪽뿐임)이고 육수화서로 핀다. 또 한 나무에 암꽃과 수꽃이 같이 달린다. (소나무, 밤나무, 오이 따위의 꽃 자웅동주)

열매는 핵과 (액과의 한 가지인데 중과피 부분에 물같은 액즙으로 되어 있는 과실)로서 희백색의 지방분은 영양분이 많다. 씨는 기름을 짜고 이 야자유는 주로 비누를 만드는 원료로 쓴다.

보라보라 (프렌치 폴리네시아)
Bora Bora

chapter 10

지구상에서 가장 아름다운 바다를 가진 곳
보라보라(Bora Bora)

오래전 해저 화산 폭발로 생겨난 보라보라는 세계에서 가장 신비하고 낭만적인 섬이라고 부르고 있다. 프렌치 폴리네시아에서 가장 오래된 역사를 지니고 있는 보라보라의 원명은 포라포라 (Pora Pora)이고 뜻은 "최초 탄생" 이다. 전설에 따르면 보라보라는 완전한 낙원을 창조 하기 위하여 하늘의 최고 신이 내려와 이 섬을 만들었다고 한다.

보라보라는 수정같이 맑고 에메랄드 빛의 바다는 숨이 막힐 정도로 아름답다. 열대 지방의 싱싱한 풍경과 향긋한 미풍은 온 몸을 감싸고 하늘은 푸르고 바닷물빛과 조화를 이룬다. 뭉게 구름은 하늘을 더욱 아름답게 장식한다. 눈이 부시게 반짝이는 흰모래 해변은 조용하고 평온하다. 높이 늘어서 있는 야자수는 정감을 더하여 준다. 이 곳을 말할 때 지상의 낙원이라는 수식어가 따른다.

지구 상에서 가장 아름다운
보라보라의 바다

모투에 있는
하얀 백사장과 야자수

오버워터 방갈로

보라보라가 세상에 알려진 것은 1767 년 영국왕립 함대가 남태평양 탐험 중에 처음 발견하였고 1767 년 제임스 쿡 선장이 처음 상륙하였다. 영국과 프랑스는 선교사를 앞세워 폴리네시아 식민지 쟁탈전이 18세기 후반부터 시작 되었다. 결과는 1888년 프랑스가 보라보라를 포함하여 소사이어티 군도와 그 외에 여러곳의 섬들을 차지하여 오늘날의 프렌치 폴리네시아가 되었다.

황홀한 빛깔의 모레아 바다,
보는 각도에 따라서 변하다

2차 세계대전 중에는 미국이 대공포와 무기고 시설과 공항을 건설하면서 이섬의 개발이 시작되었다. 본격적인 휴양시절이 발전한 것은 프랑스정부의 투자와 외국자본의 유입으로 리조트들이 만들어졌다. 바다 위에 세워진 "오버워터 방갈로"와 호텔 등 숙박 시설과 편의 시설이 많이 세워졌다.

가오리와 함께
스노클링을 하고 있다

보라보라는 자연을 좋아하는 사람에게는 천국과도 같은 곳이다. 바다와 산에서 조용히 휴식을 취하거나 야외활동을 즐길 수 있는 장소와 종류도 다양하여 세계적으로 유명하다.

보라보라의 바다는 연한 초록색에서부터 짙은 파란색까지 보는 각도에 따라 여러가지 빛깔을 보여주고 있다. 지구상에서 가장 아름다운 바다라고들 한다.

보석과 같이 반짝이는 라군과 백사장은 자연 그대로의 모습이고 야자수가 해안을 따라 늘어서 있는 풍경은 남쪽나라 특유의 자산이다. 환초가 둘러싸고있는 바다는 수심이 얕고 물결이 잔잔하여 바다 밑이 보일 정도로 맑아서 수영과 스노클링 하기에 좋다. 바다 속에는 열대어와 가오리, 바다거북, 작은상어가 많이 있으나 이 상어들은 사람을 공격하지 않는다. 화산폭발로 형성된 보라보라의 바다 밑은 산호초가 많이 있어서 어류와 바다생물이 서식하기에 적합한 환경을 제공하여서 300여 종의 열대어의 공원을 만들어 주었다.

화려한 색깔의 열대어와 가오리 상어 거북 등이 우아하게 헤엄쳐 다니는 천연 수족관이다.

바다 속에 들어가서 이 환상적인 광경을 직접 보기위한 스노클링과 스쿠버 다이빙 장비를 대여해 주는 시설이 많이 있고 또 장소도 안내해 주고있다. 바다 속도 좋지만 에메랄드빛 바다 위를 카누나 제트스키를 타고 라군을 한바퀴 돌면서 투어를 하는것도 좋다. 지도

라이티티 갑곶에 정박하고 있는 홀랜드 아메리카 크루즈선

에도 없는 작은 무인도가 많이 있고 한 섬 전체를 차지하고 있는 아일랜드 리조트의 아름다운 광경을 감상한 후에 항구로 돌아오면서 바라보는 보라보라의 모습은 일품이다. 산을 좋아하는 사람들은 등산로가 많이 있어 열대의 밀림을 탐험할 수 있다. 또 4 륜 구동 산악자동차를 타고 섬 곳곳을 돌아 다니면서 열대의 우림을 직접 체험할 수 있다.

야외활동을 한 후에는 편안한 마음으로 시내구경도 하면서 약간의 기념품 쇼핑을 하는 것도 좋을 것이다. 이곳에서 수준높은 부티크와 세계적으로 유명한 흑진주도 살 수 있다.

오늘 이곳에서의 옵션관광은 쾌속정을 타고 라군을 가로질러 가면서 세계에서 제일 아름답다는 보라보라의 바다를 감상하고 모투위에 있는 섬에서 피크닉을 하는 일정이다.

잔잔한 바다와 백사장 그리고
아름다운 오테마누 화산

산 중턱에도 방갈로가 있다

화려한 바다를 아련히 바라보는 우리 일행

아침 8시 30분 보라보라 아이타페 항구에 도착했다. 세계적인 관광지답게 호화로운 요트와 유람선 화물선과 각종 선박이 항구에 꽉 차있다. 우리 일행은 모터 보트에 올라 항구를 떠났다. 수정처럼 맑은 바다위를 미끄러지듯이 달려서 아름다운 라이티티 갑곶을 지나고 황홀한 모투투푸아(Motu Toopua)와 타푸(tapu) 모습은 경탄을 금할 수 없다.

바다에 떠있는 섬들은 금방 가라앉을 것 같이 낮으며 하얀 백사장과 야자수가 어우러져 조화를 이루고 바다 위에 세워진 방갈로가 줄 서 있는 광경은 한폭의 그림같다. 그림 엽서나 달력에 나오는 사진들이다.

모터보트가 전속력으로 달리면서 몸을 휘감는 바람은 상쾌하고 열대의 기온을 실감나게 한다. 승객 중 많은 사람은 수영복 차림이고 웃통을 벗은 사람도 있다. 파란하늘과 옥빛의 바다는 대조를 이루고 시시각각으로 변하는 빼어난 바다는 내가 생각하기에는 에게

해나 캐리비안 바다보다 비교할 수 없을 정도로 색깔이 아름답고 환상적이다. 이와 같은 아름다운 바다는 산호초와 라군이 있어 가능하다고 생각한다.

우리의 보트는 모투에 있는 산호섬에 도착했다. 섬 가까이 다가갈수록 바다의 색깔은 연해지고 수심은 얕아서 보트는 더이상 가지 못하고 섬에서 조금 떨어진 곳에 서고 우리들은 무릎까지 오는 바다물을 걸어서 섬에 올랐다. 이 섬은 개인이 임대하여 원주민의 촌락 모양으로 꾸며서 피크닉 장소로 사용하고 있다.

그늘이 있고 조용하고 황홀한 바다와 은빛 모래가 아름다운 지상낙원

산호섬 안의 피크닉 장소

피크닉 테이블이 있는 해변

아늑하고 전망이 좋고 따뜻한 백사장과 바다물은 맑아서 수영하기에 좋은 장소이다. 해변에는 나무들이 많이 있어 그늘을 만들고 피크닉 테이블과 의자가 섬 곳곳에 놓여 있다. 나는 조용하고 전망이 좋은 곳에 자리를 잡고는 섬 주위를 돌아보았다. 섬 중앙에 짚으로 지붕을 얹은 넓다란 초막이 있고 건물 안에는 수십 명이 들어가 앉을 만한데 길다란 나무테이블과 의자가 놓여 있다.

전형적인 열대의 모래해변

햇볕도 가리고 비가 올때 은신처로 또 식당으로 쓰는 것 같다. 그 외에도 섬 여기저기에 원주민 초가집이 있서 원주민 촌에 온 것 같았다. 섬 주위는 모두 수영장이다. 바다물은 따뜻하고 맑아 수영하기에 적합하다. 스노클링 하기에는 수심이 너무 얕아서 좋지 않다.

우리 일행은 대부분이 노인들이어서 점잖고 말이 없다. 떠드는 사람도 없어 주위가 조용하다. 휴식을 취하는 시간은 잠시이고 어느덧 점심식사 시간이 되었다. 현지인들이 채소와 과일을 재료로 만든 음식을 갖고 와서 맛 있게 먹었다. 식사 후에는 코코낫 껍질 벗기는 시범을 보여주고 민속 음악공연이 있었다.

항구로 돌아가는 보트

예정된 3 시간 동안의 피크닉이 끝나고 돌아오면서 평생 한번 볼까말까하는 아름다운 라군내의 바다를 다시 한번 볼 기회가 있었다.

세계에서 꿈에 그리는 행선지 중의 한 곳인 이곳 보라보라를 여행하는 비용은 물론 비싼 편이다. 특히 아일랜드 리조트의 수상 방갈로에서 하루 묵는 값은 엄청나다. 그러나 일생 중 잠깐 동안 만이라도 이런 곳에서 지내는데 돈만 생각해서는 되겠는가.

{주} 1. 모투 (Motu)는 산호초로 이루어진 "띠"
2. 라군 (lagoon)은 환초로 둘러싸인 해면

방랑의 정신이 있어야만 비로소 사람들은 휴가를 이용하여 자연에 접근할 수 있는 것이다.
그러므로 이런 여행자들은 인적이 드문 곳을 찾아 참다운 고독을 즐길 수 있으며 자연과 조용히 이야기를 나눌 수 있는 곳을 피서지로서 찾아가고 싶어한다.

– 임어당 (생활에 발견) 여행의 즐거움 중에서

남태평양 동남쪽에 있는 프렌치 폴리네시아 관광을 끝내고 지금 우리 배는 남태평양 한 가운데 서쪽을 향해 가고 있다. 하루종일 가도 섬 하나 볼 수가 없다. 이번 남태평양 일주 크루즈 여행은 11월 22일 호주 시드니 항구를 출발하여 15개 섬에 가서 관광을 한 후에 12월 23일 시드니 항에 다시 돌아가는 31일 간의 여정이다. 이 중에 16일 간은 바다에서 지내야 한다. 이번 여행의 절반은 선상 생활을 하게 되어 있다. 크루즈선은 넓고 편의 시설이 잘되어 있어서 불편한 것이 없다. 그리고 배에서의 소일거리는 얼마든지 있어

바다를 보면서 걷는 창가의 러닝머신

하루가 금방 간다. 나는 주로 체육관에 가서 운동하고 갑판을 산책하고 도서관에도 가고 저녁에는 쇼를 본다. 오늘은 아내와 함께 선내를 일주하며 산책을 했다.

이 크루즈선의 길이는 240M이고 폭이 33M이다. 우리가 있는 방 앞으로 산책로가 있다. 폭이 3M의 갑판이 배 난간을 따라 있는데 한 바퀴 돌면 500M를 걷게 된다. 두 번 돌면 1킬로 미터이다. 이 배의 승객은 대부분이 노인들이라 운동하는 사람이 별로 없다 걷다 보면 비교적 나이가 젊은 사람들을 가끔 만나게 된다.

오늘은 날씨가 좋아서 배가 조금도 흔들리지 않는다. 육지에서 걸어가는 것과 같다. 따뜻한 열대의 바닷바람이 몸을 감싼다. 파란 바다를 바

반 노천 수영장과 자꾸지

배 뒷쪽 최상층 갑판

풀장 등 여러 사람이 사용하는 화장실에는 한 번만 쓰는 타월이 비치되어 있다

라 보면서 걷는 기분은 육지에서는 느껴보지 못할 것이다. 망망대해는 하늘에 닿아 있고 바다와 하늘 외에는 아무것도 보이지 않는다. 갈매기 한 마리도 보이지 않는다. 우리는 배 주위를 두 바퀴 걸은 후에 우리 선실 앞에서 걸음을 멈추고는 방 앞에 놓여 있는 벤치에 앉아서 쉬다가 방에 들어갔다. 점심 식사 때가 되어서 식당에 갔다. 오늘 점심은 스테이크와 샐러드를 하고 후식으로는 아이스크림을 먹고 내일 피지에 도착해

서 관광할 곳을 사무실에 가서 신청하고 방에 돌아왔다.

우리 방 담당선원과 함께

좁다란 선실 안에서 하루하루를 보내며
저녁에는 몇 시간 동안 기선의 난간에 기대어서는
망망한 검푸른 해면이 저녁 햇살을 받아
번쩍이는 것을 지켜보았다.

– 헤르만 헤세 지음(인도 기행) 중에서 –

명사십리 (明沙十里)

경성역의 기적 일성, 모든 방면으로 시끄럽고 성가시던 경성을 두고 동양에서 유명한 해수욕장인 명사십리를 향하여 떠나게 된 것은 8월 5일 오전 8시 50분이었다.

"중략"

나는 갈마역에서 명사십리로 갔다. 명사십리는 문자와 같이 가늘고 흰 모래가 소반 (小盤)을 연 (沿)하여 약 10리를 평포 (平鋪)하고 만내에는 대 여섯의 작은 섬이 점점이 놓여 있어서 풍경이 명미 (明媚)하고 조망이 극치하며 욕장은 해안으로부터 약 5, 60보 (步) 거리, 수심은 대개 균등하여 4척 내외에 불과하고 동해에는 조석 (潮汐)의 출입이 거의 없으므로 모든 점으로 보아 해수욕장으로는 이상적이다. 해안 남쪽에는 서양인의 별장이 수십 호가 있는데 해수용의 절기에는 조선 내에 있는 사람은 물론 동경, 상해, 북경 등지에 있는 사람들까지 와서 피서를 한다하니 그로만 미루어 보더라도 명사십리가 얼마나 명구(明區)인가를 알 수가 있다.

"중략"

단순한 해수욕만을 위하여 온 나로서는 명사십리의 수려한 풍물과 해수욕장의 이상적인 천자(天姿)에 만족치 아니할 수 없었다. 목적이 해수욕인지라 옷을 벗고 바다로 들어갔다. 그 상쾌함이란 말로 형언할 바 아니다. 얼마든지 오래하고 싶었지만은 욕의(浴衣)를 입지 아니한지라 나체로 입욕함은 예의상 불가하므로 땀만 대강 씻고 나와서 모래 위에 앉았다가 돌아오니 김군은 욕의 기타를 사가지고 돌아와서 나를 기다리고 있었다.

"중략"

쪽 같이 푸른 바다는
잔잔하면서 움직인다.
돌아오는 돛대들은
갠 빛을 배불리 받아서
젖은 돛폭을 쪼이면서
가벼웁게 돌아온다

걷히는 구름을 따라서
여기저기 나타나는
조그만씩한 바다하늘은
어찌도 그리 푸르냐
멀고 가깝고 작고 큰 섬들은
어디로 날아가려느냐
발제겨 디디고 오뚝 서서
쫓다 잡을 수가 없고나.

"중략"

9일에 우편국에 소관이 있어서 원산에 갔다. 볼 일을 보고 송도원(松濤園)으로 갔다. 천연의 풍물로 말하면 명사십리의 비교가 아니나 해수욕장으로서는 시설은 비교적 상당하다.

해수욕을 잠깐하고 음식점에 가서 점심을 먹고 송림사이로 조금 배회하다가 다시 원산을 경유하여 여사에 돌아와 조금 쉬고 명사십리에 가 또 해수욕을 하였다. 행보를 한 까닭인지 조금 피로한 듯하여 곧 돌아왔다.

"하략"

만해 한용운 (1879-1944) 지음.
수필집 (명사십리) 범우사 발행 중에서

아메리칸 사모아
American Samoa

아메리칸 사모아 (American Samoa)

아메리칸 사모아 사람들은 체격이 좋고 강건하다. 인구는 63,500명이며 대부분이 본섬인 투투이라(Tutuila)에 산다. 면적은 197스퀘어 킬로미터이다. 아메리칸 사모아의 출산율은 높으나 하와이 또는 미국에 이민 가는 사람이 많아서 인구는 늘지 않는다.

1900년에 미국 영토로 된 이후에는 얼마간의 외국인이 이곳에 와서 살게 되었다. 이 사람들은 참치(Tuna)와 의복 산업에 종사하는 한국인과 중국인이 대부분이었다. 외국인 중의 약 3분의 1은 미국인이다. 이들 중에 많은 사람이 정부 관리로 일했으며 대개 교육과 보건 분야에서 일했다. 아메리칸 사모아의 섬들은 작지만, 자연이 매우 아름답다. 오우(OfU) 섬은 세계에서 제일 경치가 좋은 섬 중의 하나이다. 반짝이는 백사장과 수정같이 맑은 바다는 황홀하다. 섬 내륙에는 장엄한 열대우림이 있어 모험을 좋아하는 여행객에게는 매력적인 곳이다. 아메리칸 사모아로 가기는 쉽지 않다. 이곳에 갈려면 서쪽 사모아나 하와이에서 비행기로 가야 한다. 그리고 경치 좋은 다른 섬으로 가려면 다시 비행기를 갈아타야 하므로 추가 경비가 필요하며 시간도 많이 걸린다. 그러므로 대부분의 여행객들이 이곳에 가는 것을 포기하는 경우가 많다. 그렇지만 한번 이곳에 간 사람들은 이곳 자연의 매력에 끌려서 좀처럼 이 섬을 떠나지 않으려 한다.

아메리칸 사모아의 이웃에 있는 독립국 사모아는 같은 언어, 문화, 유전자가 같은 민족이었으나 지금 이 두 나라는 모든 면에서 차이가 크다. 미국의 영토가 된 아메리칸 사모아는 미국의 영향을 받아 놀랄 정도로 발전을 하였다. 자동차와 집, 사람이 커졌다. 이것은 미국이 이곳에 많은 투자를 하여 경제를 발전시킨 결과이다. 또 이곳은 여행하는 사람들이 미국인을 포함한 돈 많은 사람으로서 달러를 많이 쓰고 가기 때문에 관광 수입도 많다.

유럽인으로서 이 섬에 처음으로 온 사람은 1772년 독일인 야코프 로호베인(Jacob Roggeveen)이 섬에 왔으나 상륙하지 않고 지나쳐 갔으며 1787 년에는 프랑스인들이 이 섬에 왔으나 사모아인과 전투가 벌어져 원주민 39명과 프랑스 선원 12명이 살해 당했다. 1870 년에는 사모아 내전이 있었고 1880년에 와서는 미국, 영국, 독일이 이 섬에 대한 영향력을 행사하기 위한 논쟁이 있었으나 1900년에 합의가 이루어져서 서쪽 사모아는 독일에 권리가 부여되고 동부 사모아는 미국에 합병 되었다. 그리고 미군 사령관이 주지사가 되었으며 사모아 원주민은 미국 국민의 지위를 획득했다. 그러나 1960년까지는 사회는 개화되지 못하고 주민의 생활도 전통 방식 그대로였으나 케네디 대통령의 명령에 따라 사모아는 재래식의 풀과 갈대 집의 이엉을 얹은 지붕을 현대식 가옥으로 대체하고 전기를 들여 놓고 국제 공항과 참치 통조림 공장을 건설 하면서 아메리칸 사모아를 현대화시켰다.

지혜롭기 보다 먼저 성실하라.
재주를 보이려고 애 쓰기 보다 먼저 성실하라.
사람이 지혜가 모자라서 일에 실패하는 경우는 거의 없다.
사람에게 늘 부족한 것은 성실이다.
사람이 성실하면 지혜도 생긴다.
성실하지 못하면 지혜도 없어지는 법이다."

— 디즈레일리 (Disraeli) 영국 정치가 —

함께 읽는 우주 과학 이야기

우주 탐험

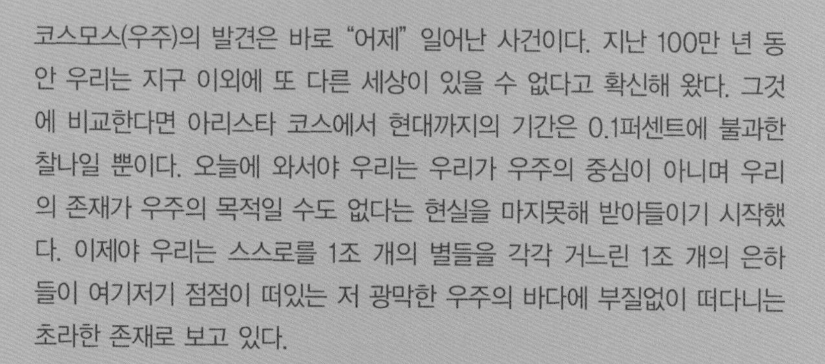

코스모스(우주)의 발견은 바로 "어제" 일어난 사건이다. 지난 100만 년 동안 우리는 지구 이외에 또 다른 세상이 있을 수 없다고 확신해 왔다. 그것에 비교한다면 아리스타 코스에서 현대까지의 기간은 0.1퍼센트에 불과한 찰나일 뿐이다. 오늘에 와서야 우리는 우리가 우주의 중심이 아니며 우리의 존재가 우주의 목적일 수도 없다는 현실을 마지못해 받아들이기 시작했다. 이제야 우리는 스스로를 1조 개의 별들을 각각 거느린 1조 개의 은하들이 여기저기 점점이 떠있는 저 광막한 우주의 바다에 부질없이 떠다니는 초라한 존재로 보고 있다.

그러나 인류는 겁도 없이 우주라는 바다의 물 맛을 보았고 그것이 자신의 기호에 딱 들어 맞는다는 사실도 알아차렸다. 인간 본성이 우주라는 큰 바다와 공명을 이루며 인류의 가슴 속 깊은 곳에 자리한 뜨거운 그 무엇이 우주를 자신의 편안한 집으로 받아들였던 것이다.

사람이 별의 재에서 태어난 존재이기 때문일까? 인류의 기원과 진화가 우주에서 진행된 모든 사건들과 밀접하게 묶여 있기 때문은 아닐까? 우주 탐험이야말로 인류의 정체성을 찾기 위한 장정인 것이다. 신화를 만들어 낸 고대인들도 잘 알고 있었듯이 사람은 대지의 자녀인 동시에 하늘의 자녀이기도 하다.

-칼 세이건 지음, 홍승수 옮김 {코스모스} 중에서-

네가 넓은 땅위를 구석구석 살펴 알아보지 못한 것이 없거든
어서 말해보아라 빛의 전당으로 가는 길은 어디냐?
어두움이 도사리고 있는 곳은 어디냐 -욥기-(38:18-19)

파고파고 아메리칸 사모아
Pago Pago American Samoa

chapter 11 

항구와 해변이 아름다운곳
파고파고 (Pago Pago) 아메리칸 사모아

아메리칸 사모아의 날씨는 찌는 듯이 더운 날씨에 후덥지근하다. 사람들은 감정이 풍부하고 순수하다. 파고 파고를 "판고 판고 (Pango Pango)" 라고 발음한다. 남자들은 불이 붙는 칼을 손에 들고 격렬하게 칼춤을 춘다. 장려한 항구와 울창한 수목에 둘러싸인 열대우림은 그 자체만의 특징을 가지고 있다. 도시와 항구의 경관은 건물 높이를 제한하는 엄격한 건축 지침으로 놀랄 정도로 아름답고 때묻지 않은 깨끗한 인상을 준다. 아메리칸 사모아에는 적도 남쪽에 있는 유일한 미국의 국립공원이 있다. 이 국립 공원들은 투투이라 (Tutuila,) 오후 (Ofu), 그리고 타우 (Tau) 세 곳 섬에 있다. 이 공원은 산호초, 열대우림, 토착 동물들과 사모아 문화를 보존하고 보호한다. 산세가 좋아 하이킹과 바다에서의 스노클링 하기 좋은 행선지로 인기가 있다. 이곳

파고파고에서의 선택 관광 코스는 세 곳 뿐이다. 따라서 한 팀의 인원수가 많아졌다. 내가 선택한 사모아 민속촌으로 가는 버스는 여섯 대가 출발하였다.

대기하고 있는 아이가 관광 버스

이 관광버스는 아이가 (Aiga)라고 하는 가족 버스로 오렌지 색칠을 하였다. 파란색을 칠한 버스도 있다. 에어 컨디션이 없어 창문을 열어놓고 달린다. 아침 8시30분 파고파고 항구를 출발하여 해안도로를 따라서 서쪽 방향으로 시원스럽게 달린다. 길 왼쪽은 바다이고 오른쪽은 푸른 산이다. 하늘에는 짙은 구름이 잔뜩 끼어 있다. 차 안의 전속 가이드가 지나치는 곳마다 차창 넘어 도로 양편의 광경을 설명하는 중에 뜻밖의 이야기를 들었다. 공동묘지를 지나면서 이 공동묘지는 한국 어부들의 묘지라고 한다. 우리나라가 60년 대의 경제 개발 시기에 서독 광부와 서독 간호사로 외화벌이로 나갔고 같은 시기에 참치잡이 원양 선원으로 많이 나간 것을 나는 지금도 기억하고 있다. 가이드의 말로는 지금 이 공동묘지에 한국 어부 수백 명의 묘지가 있다고 한다. 먼 이역만리 외딴 섬에서 쓸쓸하게 묻혀있는 우리나라 개발 역꾼들을 우리나라 국민들 중에서 기억하고 있는 사람이 얼마나 될까! 이들은 이곳 바다에서 조업하는 참치잡이 어선에 고용 되였으며 잡은 참치는 아메리칸 사모아의 참치 통조림 공장에 납품하였다. 그 당시의 원양어선들은 작고 시설과 장비도 조악하였다. 적도의 높은 파도와 싸웠고 폭풍에 많은 어선이 침몰 되었다고 한다. 지금 우리나라는 잘사는 나라가 되었으니 이곳의 외로운 영혼들을 위로하고 모셔야 하지 않겠는가! 당장 버스에서 내려 묘지에 가 보고 싶었으나 단체 여행이라 어쩔 수 없었다.

화투마후리 화분 바위

나무가 무성한 검은 돌 섬

날씨도 우중충하고 내 마음도 우울하고 허전하였다. 우리 버스가 처음 들른 곳은 화분 바위가 있는 곳이다. 이 화분 바위섬은 화투마후리(Fatu-ma-fuli) 라고 하는데 아주 작은 섬에 나무와 풀이 소복하게 자라고 있어 흡사 화분 같이 생겼다.
모두들 카메라에 담으려고 야단법석이다. 해안의 모래밭에는 검은색으로 반짝이는 넓적한 바위가 많이 깔려있다. 야자수가 기울어져 늘어서 있는 풍경이 아름답다. 날씨가 개였으면 더 좋았을 것이라 생각하면서 차에 올랐다. 버스는 서쪽으로 더 가면서 파라(Pala) 라군과 비행장이 보이는 곳에서 사진 촬영을 하였다. 비행장 활주로가 바다를 향해 길게 뻗어있다.
다음에 간 곳은 라바라바(Lava Lava) 골프장이다.
동쪽과 서쪽으로는 파노라마를 보는 것 같이 풍경이 아름답다. 넓은 골프장에 사람들이 흩어져서 각자 산책도 하고 휴식을 취하면서 한가한 시간을 보냈다.

다음은 오늘 관광의 하이라이트인 비라 (Vila) 마을에 갔다. 널따란 광장에 볕가리개를 한 의자가 많이 놓여있다. 관광버스 여섯 대에서 내린 우리 일행이 의자에 앉자마자 공연이 시작되었다.

아름다운 경치를 카메라에 담고 있다

전통춤과 노래가 끝난 후에는 광장 주변으로 여러 곳의 오두막에서는 코코넛 잎으로 돗자리를 짜는 시범과 옛날의 세탁 방식을 재현하였고 현지에서 생산되는 코코넛과 여러 가지 열대과일을 전시해 놓고 판매도 하였다.

우리는 코코넛 한 개에 1불씩 주고 사서 손에 들고 빨대로 먹어보았다. 나무에서 딴지 얼마 되지 않아서인지 싱싱하고 잘 익어 맛이 좋았다. 또 이 섬의 전통 요리를 하는 유명한 우무 (umu)오븐으로 음식을 만드는 과정을 보여주고 시범으로 만든 음식을 조금씩 나누어 주면서 맛을 보게 했다.

라바라바 골프장

골프장의 파노라마 풍경

넓은 골프장에서 산책과 사진 촬영

공연 시작을 기다리고 있는 관광객들

공연이 끝난 후 박수치는 관광객

$1을 주고 산 코코넛을 맛보고 있다.

전통요리 기구 우무 오븐 시범

코코넛 잎으로 돗자리를 짜는 시범

귀여운 현지 어린이

마을을 둘러싸고 높이 솟아있는 야자수 나무들은 열대의 풍광을 유감없이 잘 보여주고 있다.

조경이 잘 되어서 공원에 온 것 같았고 마을 사람도 친절하고 민속공연과 전통문화를 소개하는 방법과 진행을 많이 생각한 것 같다. 모든 것이 좋았다. 우리는 버스에 올라 우리 배가 정박해 있는 파고파고 항구에 돌아왔다.

하늘을 가리는 적도의 숲속에서

열대의 수목과 꽃이 있는 정원

비문

"여기에 가엾은 콜리지가 잠들었다.

찍소리 없이 꿈같이 살다가 꿈같이 갔다.

에든버러 객창에서 아무도 모르게 외로이 자다가 죽었다."

사무엘 콜리지 (Samuel Coleridge 1772-1834) 영국 시인

"일어나지 않는 것을 용서하시오."

헤밍웨이 (Earnest Hemmingway 1899-1961) 미국 소설가

남태평양의 꿈을 이룰 수 있는 곳
피지 (Fiji)

피지는 300개가 넘는 많은 섬이 모여있는 나라이다. 제일 큰 섬은 비티레부(Viti Levu) 이며 이곳에 이 나라의 수도인 수바 (Suva) 가 있다. 또한 수바는 남태평양에서 제일 큰 도시이다. 국제공항이 있는 나디(Nadi)도 이 섬에 있다.

피지의 인구는 861,000명이고 면적은 18,300 sq. km이다. 지리적으로 호주와 뉴질랜드를 남태평양에 산재해 있는 많은 섬과 연결해 주는 교통의 중심 역할을 하고 있다. 피지는 아름다운 자연환경을 갖고 있다. 구름 한 점 없는 하늘과 흰 백사장, 야자수 그늘이 있는 비치, 조용한 리조트 그리고 초록빛의 싱싱한 열대우림과 신비한 폭포는 피지의 보석이다. 이런 곳에서 편안한 휴식을 취할 수 있으며 수영과 스노클링, 카약, 제트스키를 즐길 수가 있다. 피지는 태평양에 있는 다른 나라에 비하여 숙박 시설과 야외 활동을 위한 비용이 비교적 저렴하고 자기 예산에 맞추어서 즐길 수 있는 곳이다. 과연 피지는 남태평양의 꿈을 이룰 수 있는 곳이다.

피지는 열대 해양성 기후로 일 년 동안 25도의 온화한 날씨이나 가장 더울 때에는 30도까지 오른다. 그러나 7월과 8월의 날씨는 18도 에서 20도 사이의 가장 추운 달이다. 남반구의 계절별 온도는 우리 북반구와는 정반대이다.

습도는 평균 70%에서 80% 사이다. 우기는 11월에서 4월까지이고 건기는 5월부터 11월까지이다. 이 시기에는 시원하고 비가 오지 않아 여행하기에 좋은 때다. 또한, 11월부터 2월 사이는 덥고 비가 많이 와서 관광객이 줄어들어 숙박과 기타비용이 적게 드는 이점이 있다.

피지는 천혜의 자연환경을 잘 이용하여 관광 산업을 발전시켰다. 섬 하나를 통째로 프라이버시 리조트로 만들어서 외부 사람들의 방해를 받지 않고 편안히 휴식을 취할 수 있도록 하는 독특한 방식의 리조트가 피지에는 많이 있다. 이와 같은 리조트는 옥색 바다가 섬을 둘러싸고 있는 흰 모래 해변에서 혼자만의 조용한 시간을 가질 수 있으며 수영과 스노클링을 마음 놓고 즐길 수 있는 특권이 있다. 또한, 300 개가 넘는 섬 중에서 마음에 드는 섬을 골라 얼마든지 즐길 수 있다. 피지의 보석이라 할 수 있는 아름다운 섬도 많이 있지만 무인도는 더욱 많이 있다. 한 번 가서 탐험해보는 것도 좋을 것이다 피지 사람들은 친절하다. 만나는 사람마다 부라(Bula)라고 인사말을 한다. 헬로(Hello)와 같지만 부라에는 경의를 표한다는 뜻이 있다. 피지 사람들은 행복지수가 매우 높다고 한다.

피지의 역사

"피지"라는 이름은 이 섬에 대한 통가인들이 부른 이름인데 유럽인이 들어와서 그대로 섬 이름으로 정했다. 원주민들이 전에 살았던 고향을 비티(Viti) 라고 불렀다. 비티인의 문화는 폴리네시아인 멜라네시아인, 마이크로네시아 등 35개 나라에서 온 사람들에 의해서 만들어진 것이다. 라피타 (Lapita) 사람들은 바누아투 (Vanuatu)와 솔로몬 (Solomon) 동쪽 섬에서 기원전 1,500년 경에 이곳에 왔다. 그리고 1,000년 동안 바닷가에 살면서 고기를 잡아 식량으로 했다. 서기 약 500년 경에는 열심히 농사를 지은 결과, 인구가 약간 늘어났으나 부족간의 불화로 전투가 벌어져 야만적인 식인 풍습이 일상적으로 행해졌다.

유럽인의 도착과 정착

19세기 초 유럽인들의 고래잡이 선원과 백단, 해삼의 무역상인들에 의하여 피지가 알려지게 되었다. 1830 년대에는 피지 해안에서 고래잡이가 시작되고 레부카(Levuka)에 항구 노동자들이 정착하면서 남태평양의 중요 기항지로 성장했다. 그리고 악명높은 흑인 무역의 중심지가 되었다. 유럽인들이 도입한 총기류로 인하여 부족간의 폭력과 전쟁이 늘어났다. 19세기 중반 런던 선교회 목회자들과 웨슬리 감리교 선교사들이 오기 시작했다. 그들은 포교 활동을 하여 원주민들이 믿던 옛종교를 기독교로 개종하게 하였다. 그리고 나쁜 풍습을 퇴치하는 데 영향력을 행사하였다, 1874년 10월 10일 피지는 영국의 식민지가 되었다.

식민지 시대와 독립

피지에서 면화가 많이 생산되었는데 경기침체로 인한 면화 시장의 슬럼프로 사회가 불안해졌으며 더욱이 전염병으로 도착인구의 3분의 1이 희생되었다. 인종 간의 전쟁과 폭동을 염려한 식민지 정부는 대중들을 통제하기 위하여 족장의 협력을 구했으며 또 토지의 매매를 금지시켰다. 1882년 행정수도를 수바로 이전하여 레부카의 지나친 팽창을 막았다.

피지의 경제를 자급자족 할 수 있게 하기 위해서는 사탕수수, 면화, 담배 및 쌀재배의 농장에서 일할 값싼 노동력이 많이 필요하였다. 그리하여 1879년에서 1916년 사이에 인도인 6만 명이 5년간의 노동계약을 통하여 들어왔다. 그러나 숙박 시설의 부족과 저임금, 많은 노동시간 등 적당한 대우를 받지 못하였다. 이들 후손이 지금 피지에 인도-피지인이라는 사람들로서 많이 살고 있다. 1970년 10월 10일 피지는 96년 간의 식민지에서 벗어나 독립했다. 새 헌법은 영국을 모델로 하여 제정했다.

-사람은 스스로 운명을 만든다- [세네카]

자연의 순환작용

인류 조상이 숲에서 성장했기 때문에 우리는 자연스럽게 숲에 친근감을 느낀다. 하늘을 향해 우뚝 서 있는 저 나무들이 얼마나 사랑스러운가? 나뭇잎들은 광합성을 하기 위해서 햇빛을 받아야 한다. 그래서 나무는 주위에 그늘을 드리움으로써 자기 주위의 식물들과 생존경쟁을 한다.

나무들이 성장하는 모습을 자세히 관찰하면 나무들이 나른한 은총 (햇빛)을 차지하기 위해 서로 밀고 밀치며 씨름하는 것을 발견할 수 있다. 나무는 햇볕을 생존의 동력으로 삼는 아름답고 위대한 기계이다. 땅에서 물을 길어 올리고 공기 중에서 이산화탄소를 빨아들여 자신에게 필요한 음식물을 합성할 줄 안다. 그 음식의 일부는 물론 우리 인간이 탐내는 것이기도 하다. 합성한 탄수화물은 식물 자신의 일들을 수행하는데 필요한 에너지의 원천이 된다.

우리는 식물을 먹음으로써 탄수화물을 섭취한 다음 호흡으로 혈액 속에 들어 온 산소와 결합시켜 움직이는데 필요한 에너지를 뽑아낸다. 그리고 우리가 호흡 과정에서 뱉은 이산화 탄소는 다시 식물에게 흡수되어 탄수화물 합성에 재활용 된다. 동물과 식물이 각각 상대가 토해내는 것을 다시 들여 마신다니 이것이야 말로 환상적인 협력이 아니고 또 무엇이겠는가? 그리고 이 위대한 순환 작용의 원동력이 무려 1억 5000만 킬로미터나 떨어진 태양에서 오는 빛이라니! 자연이 이루는 협력이 그저 놀랍기만 하다.

칼 세이건 지음 [코스모스 {cosmos}] 중에서

바누아 레부 피지
Vanua Levu

chapter 12 

피지에서 두 번째로 큰 섬
바누아 레부 (Vanua Levu) 피지

바누아레부는 피지에서 두 번째로 큰 섬이다. 면적은 5,587 평방 km이며 인구는 139,514 명이다. 수도인 수바에서 동부쪽에 있다. 이 섬은 매우 큰 섬이여서 여행객들이 쉽게 찾아갈 수 있지만, 이웃에 있는 섬 주민들에게 더 잘 알려져 있고 인기가 있는 곳이다. 이 섬의 북쪽과 서쪽에는 관광객들이 사실상 가지 않는다. 이 섬의 가장 큰 도시는 섬 북쪽에 있는 라바사(Labasa)이다. 이곳은 사탕수수농장에서 일하는 인도-피지계 일꾼의 서비스 중심지였다. 지금 이곳에 사는 주민 대부분은 옛날 사탕수수 농장에서 일하던 사람들의 자손들이다.

이 섬의 남쪽과 동쪽은 경치가 매우 좋다. 특히 사부사부는 눈부시게 아름답다. 넓은 사부사부만에 보석처럼 박혀있는 이 항구 도시는 사람들을 매혹시키는데 충분하다. 더욱이 잔잔한 바다 위에 한가로이 떠다니는 요트의 모습은 평화롭다. 이곳에는 피지인의 전통 마을이 있고 빽빽이 들어서 있는 열대우림과 코코넛 농장이 있다. 그리고 불규칙하게 들쭉날쭉한 해안선과 깊은 바다는 잠수와 스노클링하는데 최고의 장소이며 카약도 할 수 있다.

함께 읽는 자연 과학 이야기

하늘은 왜 푸른가

10억 년 전쯤부터 식물들이 협동 작업을 통해 지구 환경을 엄청나게 변화시키기 시작했다. 그 시절 바다를 가득 메운 단순한 녹색 식물들이 산소 분자를 생산하자마자 자연히 산소가 지구대기의 가장 흔한 구성물 중 하나가 되었다. 원래 원시 지구의 대기는 수소로 가득했다. 이렇게 해서 지구 대기의 성질이 근본적으로 바뀌었다. 생명 현상에 필요한 물질이 그때까지는 비생물학적 과정을 통해서 만들어졌으나 산소대기층의 출현으로 지구 생명 역사의 신기원이 세워진 것이다. 산소는 유기물질을 잘 분해한다. 사람은 산소를 좋아하지만, 산소는 무방비의 유기물에게는 근본적으로 독이나 다름없다. 지구 대기의 질소는 산소보다 화학적 활성도가 많이 떨어지기 때문에 훨씬 무해한 분자이다. 그렇지만 지구 대기에 질소가 유지되는 과정에도 생물이 크게 관여하고 있다. 지구 대기의 99퍼센트가 생물 활동에 그 기원을 두고 있다고 해도 과언이 아니다.

그러므로 "파란 하늘은 생물이 만든 것"이라고 주장할 수도 있는 것이다.

칼 세이건 지음 (코스모스 {cosmos} 중에서)

네가 천상의 운행 법칙을 결정하고 지상의 자연법칙을 만들었느냐?

-욥기-

사부사부 피지
Savusavu

피지의 숨겨진 낙원
사부사부(Savusavu) 피지

피지의 숨겨진 낙원으로 알려진 사부사부는 아름다운 항구 도시인데 바누아레부(Vanua Levu) 섬의 남쪽 해안에 위치해 있다. 피지에서 가장 인기있는 곳이다. 푸른 언덕을 배경으로 번화한 선창과 아름다운 해안이 있는 이 도시는 백단, 해삼, 코프라 [(Copra) 야자 열매를 말린 것]와 같은 귀중한 물품이 산출되면서 이 물품 거래를 위한 무역 센터를 기초로 하여 도시가 발전되었다. 이 도시에는 몇 개의 고급 리조트가 생겨났고 급성장하는 생태관광 인프라로 유명하다. 바닷가에 많은 스쿠버다이빙 센터와 코발트색 바다 위에 떠 있는 한가로운 요트의 장관을 바라볼 때 풍요로움이 느껴진다. 내륙에는 역사적인 온천, 폭포, 하이킹과 와이사리(Waisali) 열대우림 보호구역에서 새들을 관찰할 수 있다. 그리고 전통 마을을 방문하고 19세기에 코프라를 보관했던 해변에 있는 격납고를 개조하여 지금 요트 클럽으로 사용하고 있는 곳도 볼만하다. 최초의 로마 가톨릭 미션과 1870년경에 세워진 예배당을 비롯하여 주요 관광지가 여러 곳에 있다. 야자수가 늘어선 자연 그대로의 백사장에서 편안한 휴식을 취할 수도 있으며 상가를 돌아다니다가 식당이나 카페에 들어가서 식사도 하고 커피를 마시는 것도 놓치면 안 된다. 좋은 추억이 될 것이다.

크루즈선에서 관광객을 태운
구명정이 항구로 가고 있다

구명정 운전석이 높이 있다

우리는 아메리카 사모아를 12월 10일 떠나서 이틀만에 피지의 첫 기항지인 사부사부에 도착했다. 이곳에 오는 중에 일부 날짜 변경선을 넘어 오는 관계로 하루를 손해 봤다. 오늘이 벌써 12월 13일이다. 이 항구는 크루즈선과 같은 대형 선박이 접안할 수 있는 도크 시설이 없어서 멀리 떨어진 곳에 닻을 내렸다.

아침 9시 우리는 배에서 내려 부속선을 타고 부두까지 갔다. 대기하고 있는 쾌속정을 타고 이 섬에서 산호와 열대어, 해양생물이 가장 많이 서식하는 곳에 갔다. 만 입구에 등대가 있고 이 등대 근처에 있는 많은 암초에는 산호판이 형성되어 고기들의 은신처를 만들어 주어서 진귀한 고기와 생물의 박물관이다.

아름다운 피지의 사부사부 선창

떼를 지어가는 다팅(Darting) 고기, 엷은 녹색의 자리돔 , 트럼펫 고기, 오렌지와 자주빛의 앤티아스, 마오리 래스(놀래기과의 물고기) 혹달린 래스, 자이안트 대합조개, 그루피 앵무새 고기(농어과), 검은색과 흰색의 서전트 고기, 밝은 빛의 어릿광대 고기가 있단다. 그리고 가까운 곳에서 산호의 형성을 관찰할 수도 있다고 한다. 이곳의 바다 빛깔은 어둡고, 탁했다. 물이 맑으면 고기들이 많지 않고 물이 탁한 곳에 먹이도 많아서 고기가 많이 살고 있는것 같다.

열대어와 해양생물이 많은 해역

쾌속정 아래층에 있는 아내. 멀리 스노클링하는 사람들이 보인다

쾌속 크루즈선 이층에서는 멀리까지 바라 볼 수 있었다

우리들이 타고 간 쾌속정은 등대 근처에서 멈추어 있다. 모두 배에서 내려 스노클링하러 바닷속으로 들어갔다. 나는 스노클링 할 자신도 없고 바닷물 빛이 탁해서 들어갈 마음이 없어서 아내와 같이 배 위에서 구경만 하였다.

모두 스노클링을 끝내고 보트에 올라왔다. 배에서 제공하는 피지 생수를 마시고 항구를 향하여 떠났다. 쾌속정은 바다 위를 쏜살같이 달린다. 배 위에서 바라보는 화산의 웅장한 모습은 감탄을 금할 수 없으며 은빛 모래 해변에 고개를 흔들며 줄지어 서 있는 야자수의 그림같은 광경을 바라보면서 아름다운 남쪽 나라의 진면목을 보는 것 같았다.

이러한 눈부신 열기에서 벗어나
저 녹음 짙은 나무 그늘 속으로 기어들어 가는 것은
따가운 한낮에 서늘한 성당 안으로 들어가는 것과 다를 바 없다

– 헤르만 헤세 지음 [인도 기행] 중에서

나무가 우거진 작은 섬 모투

연령과 처세

볼테르의 명언에 이런 것이 있다.

"자기의 나이를 헤아리지 못하는 사람은 그 나이에 따르는 모든 불행을 당하게 된다."

우리는 전 생애를 통하여 다만 "현재"만을 갖고 있을 따름이며 그 밖에는 아무것도 지니고 있지 않다. 생애의 초기에만 앞날의 긴 미래를 내다보고, 그 말기에는 배후의 긴 과거를 뒤돌아보게 된다. 그런데 인간의 "성격"은 변치 않지만 "성질"은 한 평생에 다소의 변화를 가져오므로 연령의 차이에 따라서 "현재"에도 여러 가지 행태가 나타난다. 생애의 처음의 4분의 1이 가장 행복한 시기로서 이때가 언제나 그리운 낙원으로 추억되는 것도 당연하다. 소년 시절의 우리는 외부 세계와 매우 적은 교섭을 하여 요구 조건이 얼마 되지 않음으로 의지의 자극을 받는 일이 드물며, 주로 인식을 위해 생존하고 있다. 인간의 두뇌는 여섯 살이 되면 벌써 상당히 커지는데, 지능도 그 무렵부터 발달하기 시작하여 외부 세계를 인식하려고 한다.

이 무렵에 그 인식의 대상이 되는 외부 세계는 대단히 신선한 느낌을 주며 만물이 싱싱하게 빛나 보이기 때문에 그대로 하나의 아름다운 시가 된다. 물론 소년 시절에는 언제나 단지 눈앞에 나타나는 개체나 사건이 그나마 자기 마음을 즐겁게 하여 주는 것에만 관심을 갖지만 그 근처에서는 색다른 중요한 경험을 하는 것이다. 다시 말하면 그들의 눈에는 인생 자체—인생의 모든 실상이 후년에 있어서와 같이 반복에 의해 인상이 마비되지 않고 언제나 새롭고, 선명하게 나타나므로, 비록 표면으로는 어린이의 생활을 하고 있지만, 그 이면에서 하나하나의 사실과 사건을 통하여 인생의 참된 모습을 배우고 있다. 즉 스피노자가 말한 바와 같이 소년들은 모든 사물과 인물을 "영원한 것" 으로서 인식한다. 이러한 느낌은 나이를 먹어 감에 따라서 차차로 감소한다. 청소년 시대의 경험과 지식은 나중에 모든 경험과 지식의 원형이 되고, 기둥이 된다. 세계관의 기초와 그 길이나 무게가 결정되는 것도 소년 시대이며, 이렇게 소년들이 외부세계를 객관적으로 따라서 시적으로 보는 것은 그들의 의지가 아직 능력을 충분히 발휘하지 않기 때문이다. 소년이 대체로 엄숙하고도 관조적인 눈초리를 하는 것은 그 때문이다. 요컨대 모든 사물은 오직 "인식"의 눈으로 보면 극히 선량하고 아름다우며, 반대로 "의지"의 눈으로 보면 대단히 사나운 것으로 보이는데 후자보다 전자의 편에 속하는 것이 곧 소년 시절의 특징이다. 그러므로 이 무렵의 우리는 사물의 아름다운 일 면만 알고 그 두려운 점을 모르며, 매우 선량하고 아름답게 보이며, 온 세계가 에덴 동산처럼 보이므로 누구나 소년 시절에는 한 번은 반드시 행운아가 될 수 있는 것이다.

쇼펜하우어 지음. 최민홍 옮김 [쇼펜하우어 인생론] 중에서

수바 피지
Suva

chapter 14

남태평양의 가장 큰 도시
수바 (Suva) 피지

수바는 남태평양에서 가장 큰 도시이며 피지의 수도 이상으로 중요한 도시이다. 인구는 194,300명이다. 1882 년 이래로 피지의 수도인 수바는 영국인들이 이곳으로 본부를 옮기고 이 땅을 개화시킬 때 중요한 곳이고 또 명성을 얻었다. 또한 수바는 이 지역의 중심이며 국제적인 도시이다. 서구의 문물이 유입되면서 현대적인 문화와 환경이 조성 되었다. 변한 도심에는 쇼핑몰과 유흥 업소, 식당, 영화관, 대형 재래시장 등 대도시에서 볼 수 있는 모든 것들이 다 있다. 그뿐만 아니라 수바는 식민지 시대의 웅장한 건물이 많이 있으며 공원, 정원, 박물관, 야외활동을 할 수 있는 시설과 활기찬 야간 유흥업소가 있는 현대적인 도시이다. 또 이 도시에서는 다문화사회의 많은 것들을 경험할 수 있다. 건장한 피지의 젊은이들이 펼치는 불꽃놀이는 놀랄만하고 신비한 그들의 힘을 과시하고 있다. 전통 마을을 방문하여 촌장이 베푸는 카바 (Kava)행사에 참석하는 것도 좋을 것이다. 피지박물관은 아름다운 정원이 있는 고풍스러운 건물 안에 있는데 피지의 극적인 과거 역사의 현장을 가이드의 설명을 들으면서 돌아본다. 전시품 중에서 부리히 (Bligh) 선장이 이 섬을 방문했을 때 원주민이 타고 나왔던 전선인 카누 (Canoe)가 있으며 식인종 시대의 전시물로 토마스 베이커 (Thomas Baker) 선교사의 장화 (Boots)가 전시되어 있다. 토마스 선교사는 식인종에게 잡아먹혔다.

오늘 이곳에서 선택 관광을 하기 위하여 아침 9시에 수바 항구에 정박하고 있는 배에서 내렸다. 배 3 층에 있는 현문(gangway)에서 부두까지 놓여있는 선제의 난간을 잡으면서 조심해서 계단을 한참 걸어 내려와서야 발이 땅에 닿았다.

수바 항구는 피지의 수도답게 각종 배가 많이 정박해 있고 부두에는 사람들로 북적댄다. 우리들은 넓은 부두 광장을 지나서 기다리고 있는 관광버스에 올라탔다. 우리가 오늘 관광할 곳은 퍼시픽 하버비치이다. 해변을 따라 서쪽으로 가면서 열대의 경치를 감상할 수 있는 좋은 드라이브 코스이다. 울창한 초록빛의 정원과 초기 식민지 시대의 사탕수수 농원도 볼 수 있었다. 60분간의 아름다운 경치를 보면서 해변에 도착했다. 버스에서 내려서 가이드의 안내로 해변 리조트 안에 들어갔다.

멀리 점점이 떠있는 섬들과
백사장이 아름다운 퍼시픽하버 비치

백사장은 길게 펼쳐져 있고 푸른 바닷물은 잔잔하고 얕아서 수영하기에 적합하다. 바다의 주변 경치가 아름답다. 비치타월을 모래사장에 깔고 자리를 잡는 사람도 있으나 우리는 모래밭 가에 있는 정자에 자리 잡았다.

의자와 테이블이 있어 일어났다 앉았다 하기가 편하다. 날씨가 선선해서 수영을 하거나 스노클링을 하는 사람이 별로 없다. 주변의 산은 나지막하게 늘어서 있는데 그 색깔이 푸르고 싱싱하다. 열대의

모래밭에 있는 정자

하늘 높이 서 있는 야자수 나무

산은 생기가 넘친다. 산 밑에는 빨간지붕의 아담한 집들이 몇 채 있어서 여행객의 마음을 편안하게 한다.

해변 잔디밭에는 야자수가 높이 솟아있어 열대 해변의 상징인 양 그 모습을 자랑하고 있다. 코코넛 열매가 탐스럽게 달려있다. 파란 하늘에는 구름이 아름답게 흐트러져 있다.

남양의 하늘은 어느 곳에서나 푸르고 청명하다. 바다 멀리에는 섬들이 점점이 떠 있어 그 경관은 파노라마를 보는 것 같다. 산들바람

남양의 대표적인 리조트 풍경

야자 나무 열매가 수북히 달려 있다

을 맞으며 바닷가를 산책도 하고 사진도 찍으면서 한가한 시간을 보냈다. 정자에 돌아와서 휴식을 취한 후에 시간이 되어 모두들 버스에 올라 오던 길로 항구에 돌아왔다.

부두까지 와서 버스에서 내렸다. 우리의 크루즈 배가 정박하고 있는 곳까지 걸어가는 중에 피지의 현지 관원들이 나와 있으나 지켜보기 만 한다. 뉴질랜드 등 일부 국가에서는 세관 직원이 배를 타는 사람들의 신분증을 확인한다. 여권은 크루즈 선에 승선할 때 회수하여 보관했다가 배에서 내릴 때 돌려주는 관계로 여권 대신에 운전면허증과 같은 정부 발행의 신분증을 반드시 가지고 다녀야 한다. 우리 일행은 배가 있는 도크까지 왔다. 크루즈 선 앞에는 선제가 놓여있고 그 옆에 천막을 치고 직원들이 시원한 물수건을 주어서 손을 닦고 얼음이 들어있는 음료수를 마신 후에 선제로 올라가 배 위에 올라섰다. 배의 입구에는 직원들이 지키고 있다가 선상 카드를 컴퓨터에 입력시킨다. 배에서 나갈 때도 입력해서 누가 배에서 내렸다 돌아왔는지를 확인한다.

다음은 백팩이나 짐을 엑스레이 투시 검사를 한 후에 배 안에 들어갈 수가 있다. 항공기 탈 때와 같이 엄격히 한다. 우리는 엘리베이터를 타고 6층 우리 방에 들어갔다. 옷을 갈아입고 쉬다가 점심 식사하러 식당에 갔다. 아직 관광에서 돌아오지 않은 사람이 많은지 조용하다. 식사하고 선실에 들어와서 보니 배가 출항하려면 세 시간은 더 있어야 한다. 우리 방에서 내려다보이는 수바의 재래 시장에 가보기로 하였다. 배에서 내려 걸어서 얼마가지 않아 재래시장에 들어섰다. 굉장히 넓은 시장 안에는 진열대가 꽉 들어차 있고 그 사이로 좁은 통로가 있어 돌아다니게 되어 있다. 크고 작은 진열대에는 과일과 채소, 곡물, 카바, 타로 등 열대 과일이 진열되어 있고 가게 주인들이 물건을 팔고 있다.

나는 돌아다니면서 구경도 하고 사진도 찍었다. 시장 밖의 길가에도 노점 상인들이 길게 늘어져 있다. 빗방울이 떨어지기 시작하니 비닐로 물건을 덮느라고 부산하다. 이곳에서 벗어나서 큰 길가로 나왔다. 이 시장의 정식 이름은 수바시립 마켓인데 이 근방에서는 제일 크고 또 유명하다. 시장 주변 길에는 음식점, 영화관, 백화점 등 상가 건물이 줄을 지어있다. 길에는 사람들로 꽉 차 있다. 나는 더이

수바의 재래시장

상 가지 않고 가까운 곳에 있는 백화점에 들어갔다. 백화점 입구에는 경비원 여러 명이 늘어서 있다. 백화점 안에도 많은 경비원이 있고 백화점 직원들이 고객을 따라다니면서 도와주고 있었다.

나는 관광 다니는 곳마다 기회가 있으면 기념으로 야구모자와 냉장고 문에 부치는 자석 배지를 산다. 이곳에 있는 야구 모자에는 대부분이 피지의 국기가 붙어 있다. 피지 국기에는 영국의 유니언 잭이 들어있다. 영연방국가이기 때문에 국기가 크게 그려져 있는 것 같다. 모자챙에는 "피지 아일랜드" 마크가 그려져 있고 모자 옆에는 부라 (Bula)라고 크게 쓰여 있다. 모자와 자석 배지를 몇 개 사들고 복잡한 거리를 빠져나와 배로 돌아왔다.

예술의 목표는 늘 자연보다 나은 것을 겨냥하지만
예술작품은 늘 자연보다 못하다.
에머슨 (R. Emerson) 지음 – [에머슨 수상록] 중에서

운명에 대하여

인생에서 가장 큰 역할을 하는 것으로, 지혜와 힘과 운명의 셋을 들었는데, 이것은 실로 정당한 견해이다. 즉, 인간의 생애는 하나의 항해와 같은 것이며, 여기에 바람의 역할을 하는 것을 우리는 운명-시운이니, 행운이니 혹은 불운이니 하고 부르는 것이다. 우리의 인생 길이 급속히 앞으로 밀려 나가거나 뒤로 후퇴하는 것은 그 때문이다. 여기에 비하면 우리 자신의 노력이나 능력은 대단히 허무하다. 다만 노의 구실을 할 뿐이다. 그리하여 오랜 세월을 두고 배를 저어 나아갈 수 있어도 갑자기 풍파를 맞으면 다시 본래의 자리로 밀려가기가 보통이지만, 순풍에 돛을 달면 배는 제 바람에 질주하여 구태여 노를 저을 필요도 없게 된다.

다음의 스페인의 속담은 이 운명의 역할을 교묘히 표현한 것이다.

"당신의 자식에게 행운을 주면 바다에 집어 던져도 좋다."

그런데 운명이란 실상 자신의 우매한 행동에서 오는 수가 많다. (일리아드)에서 "현명하고 신중한 사려"를 권고하고 있거니와 이러한 대목을 몇 번이고 되풀이하여 읽을 필요가 있다.

악한 행실이 처벌을 받는 것은 저승의 일이지만, 고약하고 두려운 자는 악한이 아니라 신중하지 못하고 지각이 없는 사람으로, 인간의 두뇌는 사자의 발톱보다도 더 사나운 무기가 되기도 한다. 그러므로 처세의 묘리를 터득한 사람들이란 우유부단과 경거망동에서 벗어난 사람들을 가리키는 것이다. 용기는 행복을 얻는데 슬기로운 지혜 다음으로 소중한 조건이다. 우리는 물론 그 어느 것도 스스로 자기에게 부여할 수 없으며, "지혜"는 어머니로부터 물려받고 "용기"는 아버지에게서 유전되지만, 이렇게 해서 타고난 지혜와 용기는 자기 결심과 훈련에 의해 증가 시킬 수 있는 것이다.

쇼펜하우어 지음, 최민홍 옮김, (쇼펜하우어 인생론) 중에서

운명을 사랑하라. 운명이 야속하게 나에게 부딪쳐 오더라도 내 마음속에 덕을 두렵게 하여 반복이나마 받아들이도록 하여라. 또 어떤 괴로움이 생기더라도 운명을 원망하지 말고 나의 마음속을 텅 비워두고 조용히 견디어 나간다면 괴로움은 우리를 더 괴롭힐 도리가 없을 것이다. 그 운명을 한탄하여 운명을 받아들이지 못할 때 사람은 불행의 절벽에 자기를 떨어뜨리게 된다.

-채근담-

라우토카 피지
Lautoka, Tonga

chapter 15 

다문화의 따뜻한 사람들이 사는 설탕 도시
라우토카(Lautoka) 피지

라우토카는 "설탕 도시" 라고 부른다. 20세기 초부터 생산되기 시작한 설탕공장으로 인하여 이 도시가 발전하여 인구 5만 명의 피지에서 두 번째로 큰 도시가 되었다. 지금 이곳에 남반구에서 제일 큰 설탕공장이 있다. 설탕 공장에서 일하기 위해서 각국에서 모여들기 시작한 노동자의 수가 많아지면서 인구가 늘어나고 다채로운 다문화 사회의 항구도시로 발전했다. 상점과 식당들도 다문화를 반영하여 다양하고 친절하다. 인도와 중국계 식당과 상점이 밀집하여 상가를 형성하고 있다. 그리고 현지인들은 시크(Sikh) 교와 헤어크리슈나(Harekrishna) 사원에서 예배를 본다. 공원에서는 과거 영국의 식민지 시대의 문화를 반영하는 크리켓(Cricket) 경기를 한다. 이 작은 도시는 세계 여러 나라에서 오는 선원들의 호스트 역할을 하는 매우 국제적인 느낌을 준다. 피지의 자연미는 여기에서도 최고이다. 잠자고 있는 거대한 화산이 멀리 몽롱하게 보이고 수십 개의 작은 섬들이 해안 가까이 점점이 떠 있다. 하얀 모래사장과 산호초와 열대어가 우글우글한 바다에서 스노클링과 보트를 타는데 피지에서 가장 좋은 장소 중의 한곳이다. 차로 조금만 가면 비토고(Vitogo)와 나레수타레(Nalesutale) 전통마을에서 피지의 과거를 어렴풋이 들여다 볼 수 있다.

피지의 음식에는 인도와 중국의 영향을 받아 매콤한 카레가 들어간다. 또한 폴리네시안인과 멜라네시아인들은 코코넛을 기초로 한 생선 요리를 만든다. 카바(Kava)는 긴장을 풀어주는 음료로 세계에 알려졌다. 그러나 이곳 피지에서는 종교적 의식으로 마시는 음료이다. 만드는 과정도 복잡하고 공을 들여 만든다. 타우토카는 눈부시게 아름다운 풍경과 다양한 문화를 가진 유색 인종이 사는 곳이며 뜻밖에도 이 사람들은 매력이 있고 따스하다. 그리하여 여행객들이 휴양과 야외 활동을 하는데 아주 좋은 곳이다.

이곳 라우토카에서 선택 관광을 하기 위하여 아침 9시 배에서 내려 버스를 타고 얼마 가지 않아 우리가 타고 갈 보트가 있는 선착장에 갔다. "인어의 노래"로 명명된 60피트 길이의 오라라(Oolala) 쾌속정이 기다리고 있다. 그림같이 아름다운 선착장을 뒤로하고 떠났다. 해안에 늘어서 있는 호화 빌라와 산맥 그리고 역사 유적지의 장관을 감상하면서 갔다. 선장은 배가 가는 곳마다 펼쳐지는 광경과 유적지에 대하여 열심히 설명했다.

드디어 하얀 모래 해변으로 둘러싸인 1.5 에이커 (6 평방 킬로 미터) 작은 무인도 사바라(Savala) 섬에 도착했다. 수심이 얕아서 우리가 탄 보트를 해변에 대지 못하고 한참 떨어진 곳에 멈추어 섰다.

섬 전체가 푹신한 모래로 깔려 있다

우리들은 배에서 내려 무릎까지 오는 바다를 걸어서 해변으로 올라갔다. 섬 전체가 푹신한 흰 모래로 깔려 있고 갈대로 된 비치 파라솔과 천막이 군데군데 쳐져 있어 그늘을 만들어 놓았다. 섬 가운데 건물이 하나 있고 나무와 화초가 띄엄띄엄 심어져 있는 무인도를 아름답게 장식하였다.

우리 내외는 전망이 좋은 파라솔 밑에 자리를 잡았다. 오랫동안 꿈꾸어 왔던 남태평양의 무인도에서의 평화로운 휴식을 취할 수 있게 되었다. 사방은 고요하고 바다는 황홀하다. 나는 카메라를 들고 섬 주위를 돌아 보았다. 가느다란 백사장이 바다에 길게 뻗어 있는

피지 라우토카에 있는 작은 외딴 섬

열대의 한가로운 금모래 해변에 자리잡은 우리의 파라솔

평온한 태평양의 무인도 해변

곳에서는 수영을 하는 사람과 카약을 즐기는 사람들이 있었다. 빨간색과 파란색 등 여러가지 색깔의 카약을 빌려 주고 있었다. 이곳 바다는 잔잔하여 카약 타기에 좋은 곳인 것 같다. 바다는 서서히 깊어져서 한참 걸어 들어가야 허리까지 온다.

섬 중앙에는 식당과 그 옆에 수세식 화장실이 있다. 또 건물 뒷쪽에는 빗물을 받아 두는 큰 탱크가 있어 비 올때 건물 지붕에서 흘러내리는 빗물을 모아 두었다가 식당이나 화장실의 허드렛 물로 쓰고 있었다. 이곳뿐 아니라 남태평양의 대부분의 섬에서는 물이 부족하여 개인 집에도 빗물을 받아 놓는 큰 물통이 있는 것을 보았다.

모래 밭에 세워진 식당 내부

식당에서 식사를 하고 있다

점심 식사 때가 되어서 우리는 모두 식당 안으로 들어 갔다. 넓은 식당 안에는 길다란 식탁과 의자가 놓여 있고 바다는 모래 밭 그대로이다. 사방은 트여 있어 전망이 좋고 시원하다. 채소, 과일과 생선으로 만든 식사는 푸짐하고 정갈했고 또 맛도 좋았다.

이런 무인도에서의 식사로는 의외로 놀라운 점심이었다. 관광객이 섬으로 올때마다 현지인 선원들이 밖에서 미리 준비한 음식을 가지고 들어 오는 것 같다. 모래를 밟고 앉아 바다를 바라 보면서 먹은 점심 식사는 멋진 경험이었다. 식사 후 우리는 파라솔 밑으로 돌아와서 길게 누워 낮잠을 청해 보았으나 잠이 오지 않았다. 일어나서 모래사장을 거닐어도 보고 물에도 들어가 즐거운 시간을 보냈다.

섬 곳곳에 벤치가 놓여 있다

이섬에서는 새들도 보이지 않고 모기나 해충이 없는 것 같다. 물론 위험한 동물도 없다. 이와 같은 동물이 외딴 섬에 들어 올 수가 없고 또 먹이가 없어 살 수 없는 것 같다. 남태평양의 섬들 대부분이 청정지역이고 지구 상에 남아 있는 순수한 자연 그대로의 지상낙원이라고 하는 말이 실감난다.

휴식 시간이 다 되어 우리들은 짐을 챙겨 보트가 있는 곳까지 걸어 들어가서 보트에 올라 항구로 돌아왔다.

자연으로 돌아가는 한가로운
그리고 고향의 품에 안기는 듯한 따스함을
나는 소박한 원시적인 자연을 대할 때마다 느낀다.

-헤르만 헤세(인도기행) 중에서-

갈대 파라솔 아래에서
휴식을 취한다

드라부니 섬 피지
Dravuni Island

chapter 16 

원시 그대로의 열대 낙원
드라부니 섬(Dravuni Island) 피지

드라부니 섬은 북쪽에서 남쪽까지의 길이가 2마일 (3.2km)도 안되는 작은 섬이며 피지의 카다부섬 그룹(kadav Group)에 속해있다. 화산에서 멀리 떨어진 곳에 야자수가 우거진 사이에 촌락이 있다. 불과 200명의 매우 친절한 마을 사람들이 살고 있으며 외부에서 방문객이 오면 어른과 아이들은 노래를 부르며 환영한다. 드라부니 섬은 원시 그대로 해변과 쾌청한 날씨로 유명하며 틀림없는 열대 낙원이라고 한다. 스노클링을 하든지 자연 그대로의 해변에 가보고 매력이 있는 마을에 들어가 섬사람을 만나 보는 것도 좋다. 오염되지 않은 해변에는 장대같이 높은 코코넛 나무가 빽빽하게 서 있는 사이로 꼬불꼬불 한 길이 이어지고 있다. 그 길에는 코코넛이 떨어져 흩어져 있다.

많은 관광객이 그레이트 아스트롤라베 리프(Great Astrolabe Reef)에서 스노클링을 하거나 드라부니 섬에서 가장 높은 봉우리에 올라가 주위를 둘러싸고 있는 섬들의 장엄한 관경은 인생의 한번 볼까 말까 하는 정경이고 감동이라고 한다.

오늘 이 섬에는 단체 관광은 없고 개별적으로 섬에 가서 보고 싶은 곳은 돌아보고 즐기다 돌아오는 자유 관광을 하는 날이다. 이 작은 섬에는 항만 시설이 없어 우리 크루즈 선은 섬에서 멀리 떨어진

이 배는 크루즈선의 구명정인데 섬과 크루즈선 사이를 오가는데 사용된다

곳에 정박 하고 있다. 우리들은 아침에 배에서 나와 보트를 타고 섬에 내렸다.

섬 입구에 안내 간판이 세워져 있고 섬의 지도와 관광할 곳이 쓰여 있다. 우리는 코코넛 나무 사이로 나 있는 오솔길을 따라 걸었다. 오색 영롱한 커다란 나비 한 마리가 하늘거리며 내 곁을 날아가기도 했다.

드라부니섬의 선착장

머리 위 어디를 둘러보아도 경탄할 녹음의 세계가 조용하고 상쾌하게 느껴진다. 우거진 녹음은 걸어도 걸어도 끝날 줄을 모르고 있다.

비스듬히 내리비치는 햇살은 따사로운 빛에 넘쳐흐르고 바다 쪽에서는 향기로운 바람이 상쾌하게 불어온다. 종려나무 사이로 보이는 푸른 바다와 멀리 보이는 우리의 크루즈 선과 모래 해변에 한가히 서 있는 작은 배의 모습은 정답다.

드라부니섬 안내 간판 옆에서 섬 어린이들과 기념 사진을 찍고 있다

오랜만에 자유시간을 갖고 한가하게 산책하는 것도 좋다. 발길 닿는 대로 돌아다닐 수 있는 여유로움은 다른 곳에서는 좀처럼 갖기 힘든 경험이다. 길가에는 현지인들이 좌판에 달팽이와 조가비를 진열해 놓고 팔고 있었다. 아내가 예쁜 조가비 몇 개를 샀다. 한참 걸어서 가니 촌락이 있고 넓은 마당에서는 민속 공연이 벌어지고 있다.

원시 그대로의 해변과 우리의 크루즈선

짚으로 엮은 긴 치마를 입은 건장한 청년들이 빠른 곡조의 음악에 맞추어서 춤을 춘다. 긴 창을 손에 들 때도 있고 부채를 들고 춤을 추기도 한다. 많은 관광객들이 순서가 끝날 때마다 손뼉을 친다. 나는 이 광경을 동영상으로 찍었다. 그리고 섬 다른 쪽으로 가서 돌아보고는 선착장에 와서 보트를 타고 배로 돌아왔다.

코코넛 나무 사이로 꼬부랑한 오솔길

민속공연 준비를 하고 있다

두려워해도 됩니다.

걱정해도 됩니다.

그러나 비겁하지 마십시오.

두려움과 마주하고, 근심의 순간을 뛰어넘으십시오.

무언가를 간절히 원하면

온 우주는 당신의 소망이 이루어 지도록 도울 것입니다.

그러기 위해 용감하십시오

의미 있는 것들을 위해 투쟁할 만큼 용감 하십시오.

남들이 아닌 바로 '나' 에게 의미 있는 그것을 위해."

파울로 코엘료 지음 {흐르는 강물처럼} 중에서

빠른 곡조의 음악에 맞추어
민속춤을 추고 있다

헤세의 소년 시절

멀리 보이는 갈색의 숲은 며칠 전부터 새롭게 윤기를 띠기 시작했다. 좁다란 진흙길에 갓 피어난 앵초들을 나는 오늘 처음 보았다. 맑게 갠 눅진눅진한 하늘에는 부드러운 4월의 구름이 꿈꾸듯이 서려 있다. 방금 갈아입은 넓은 들판은 빛나는 대황색으로 포근한 대기를 향해 가슴을 펴고 있다. 마치 잉태하고 자라나 그들의 말 없는 힘을 수천 가지의 푸른 싹들과 위로 솟아 오르는 물기 속에서 시험하고 느끼며 또 그것을 다음 시대로 넘겨주려는 열망을 품고 있는 듯이 모든 것을 기다리며 마음을 터놓고 모든 것이 섬세하고 나긋나긋한 성장 과정에서 꿈을 꾸며 새순이 눈을 뜨고 있다. 싹은 태양을, 구름은 밭을, 어린 풀잎은 바람을 향해 너울거린다. 매년 이맘때만 되면 나는 초조와 그리움에 휩싸이게 된다. 마치 만물이 소생하는 어떤 신비로운 순간을 내게 보여주기라도 하듯 순간마다 힘과 미가 게시되는 모습과 생명이 웃음 지으며 대지에서 솟아나 빛을 향해 그 커다랗고 젊은 눈을 뜨는 모양을 그대로 보게 되는 그런 체험을 함께 할 수 있는 순간이 닥쳐올 것만 같은 느낌이다.

내가 아직 어린 소년이었을 때는 봄을 얼마나 길고 흡족하게 즐길 수 있었던가! 그런 시절이 되어 기분이 좋은 때면 나는 오랫동안 푹신한 풀 위에 누워 있거나 가까운 나무에 기어 올라 커다란 나뭇가지를 타고 몸을 흔들어 보거나 꽃봉오리의 향취나 싱싱한 숲 냄새를 맡으며 머리 위에 엉클어진 그물 같은 나뭇가지와 푸르름과 녹색을 바라보기도 한다. 그렇게 되면 나는 어느새 말 없는 손님처럼 소년 시절의 행복한 정원 속으로 꿈꾸듯 들어가게 된다. 다시 한번 그곳으로 뛰어 들어가 어린 시절의 맑은 아침 공기를 마시며 잠시나마 신이 손수 만드신 그대로의 세계, 어린 시절에 보았던 그 세계를 본다는 것은 귀중하기 이를 데 없는 일이지만 그것은 도저히

불가능한 일이다. 그 시절은 힘과 미의 기적이 우리 자신들의 내부에서 이룩되던 때였기 때문이다.

그러나 그 무렵에는 내 이마 위에도 신의 광채가 서려 있었고 내 눈에 보이는 것은 아름답고 생기에 넘쳐있었다. 해마다 봄이 되면, 거의 잊어버려 알 수 없는 그 무렵의 추억들이 은밀하게 나를 찾아와 몇 시간이고 다시 생기를 되찾는다. 지금도 나는 그 무렵의 추억을 회상하며 되도록 그 추억에 대하여 얘기해 보고 싶어진다.

우리들의 침실에는 나무판자로 된 문이 달려있었다. 나는 어둠 속에 누워 반쯤 눈을 감고 옆에서 자는 어린 동생의 규칙적인 숨소리를 듣고 있었다. 나는 또 바람 소리에도 귀를 기울였다. 산에서 불어오는 그 바람은 큰 포플라 가지를 살랑살랑 흔들다가 요란스러운 소리를 내며 지붕 위로 내려앉곤 했다.

밤이 되면 아이들은 방 안에서 꼼짝 말아야 하고 자리에서 일어나거나 외출해서는 안 되며 또 창가에 바짝 다가가도 안된다. 나는 그것을 매우 못마땅하게 여겼다. 어머니가 문을 잠그는 것을 잊어버린 어느 날 밤이 지금도 생각난다. 그날 밤 나는 자다가 살며시 일어나 살금살금 창가로 걸어갔다. 창밖은 내가 상상했던 것과는 전혀 다르게 어둡거나 캄캄하지 않고 훤했다. 그때 가까이에서 어떤 짐승 한 마리가 겁에 질려 우는 소리가 들려왔다. 나는 두려움에 휩싸여 허둥지둥 침실로 달려가 침대에 누웠다. 울어야 할지 어떨지 분간 할 수가 없었다. 그러나 울음이 나오기도 전에 이내 잠들어 버렸다. 그러자 말쑥하게 차린 한 소년의 모습이 눈앞에 떠올랐다. 나보다 한 살 위였지만 몸집은 나보다 작았다. 그 소년이 부로지였다. 아마 일 년 전이었을 것이다. 부로지 네가 우리 이웃으로 이사 와서 부로지가 내 친구가 되었다. 그의 모습이 다시 선명히 눈앞에 나타났다. 그리고 심심하면 으레 어떤 장난을 생각해 내어 그것을 나한테 제의하곤 했다. 그러나 그런 회상은 겨우 서두에 불과했다. 나의 머릿속에는 그 밖의 여러 가지 추억들이 연달아 떠올랐던 것이다. 모두가 부로지와 함께 지냈던 여름과 가을의 일이었다.

헤르만 헤세 지음. 홍경호 옮김 [소년 시절] 중에서

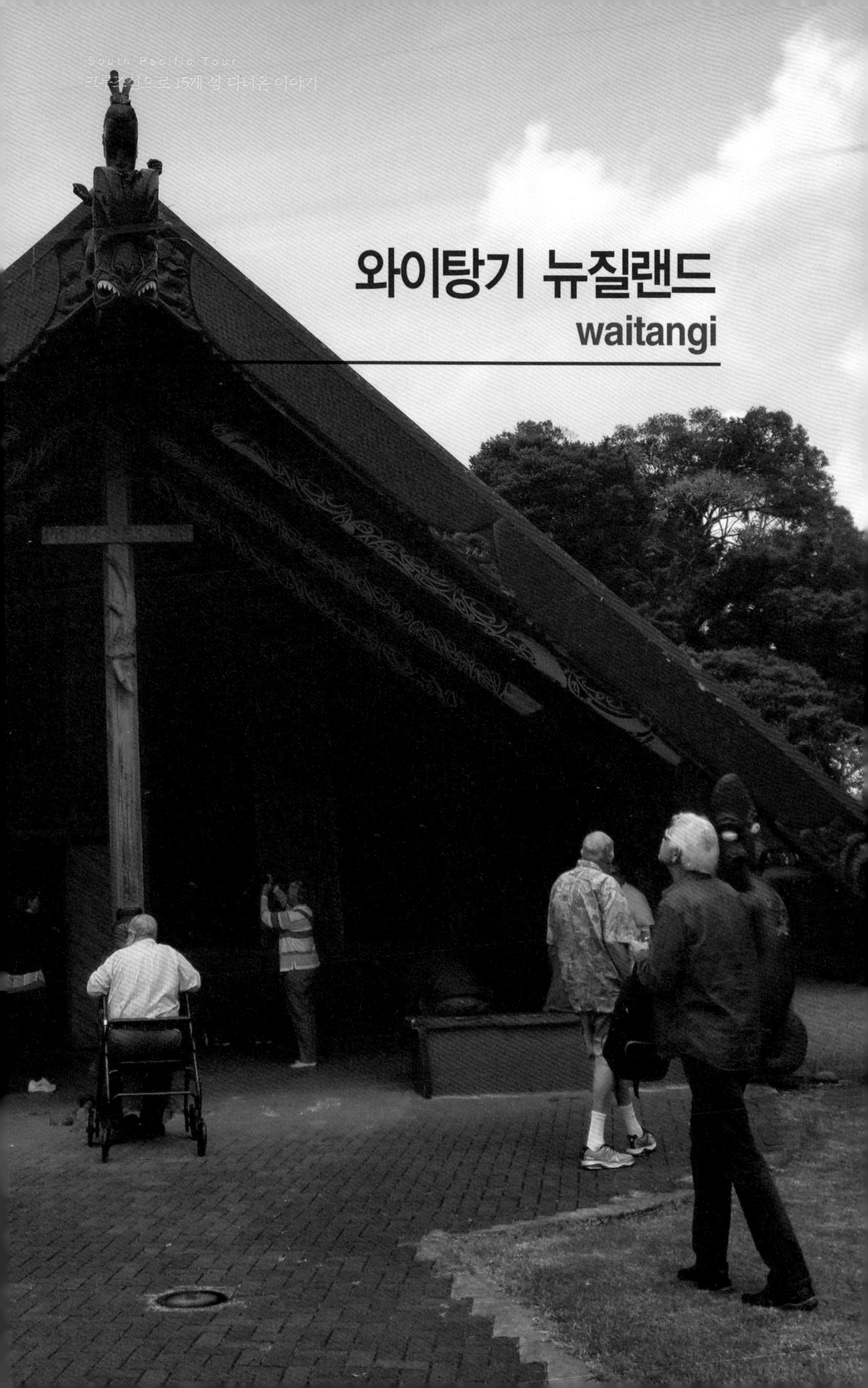

와이탕기 뉴질랜드
waitangi

chapter 17

마오리족의 역사가 있는 도시
와이탕기(waitangi) 뉴질랜드

마오리족은 뉴질랜드에 도착한 후로 수백 년 동안 현재 북섬이라 불리는 최북쪽 지점에 살았다. 바다에 고기가 많아서 고기잡이를 하면서 생활했다. 1769년 쿡선장이 유럽인으로는 처음 이곳에 왔다. 19세기 초에 선교사와 고래잡이 선원들이 뉴질랜드 여러 곳에 와서 정착하면서 도시가 생겨났다. 러셀(Russel)과 케리케리(KeriKeri)도 이때에 세운 도시다. 그리고 이때에 건축한 건물인 캠프 하우스(KempHouse)와 전도관(Mission House) 건물인 돌집(Stone House)이 지금도 남아 있다.

1832년부터 1840년에 영국왕실 대표가 와서 와이탕기에 있는 500여 명의 마오리족의 대표를 만나 와이탕기를 영국에 양도하는 조약에 서명했다. 이 조약이 강압에 의한 것이라 하여 오늘날에도 여전히 논란의 대상이 되고 있다.

뉴질랜드에서 제일 오래된 건물
캠프하우스와 돌집 전도관

와이탕기는 뉴질랜드에서 마오리 문화를 배우기에 가장 좋은 장소 중의 하나이다. 전통 마오리 모임 장소가 있으며 많은 마오리 전쟁 카누와 조약에 관한 교육 전시물이 있다. 이곳은 아름다운 하루루 폭포(Haruru Falls) 근처에 있다. 가까운 곳에 파이히아(Paihia) 리조트 마을이 있는데 이곳에서 보트를 타고 매력적이고 역사적인 러셀마을에 가 볼수 있다. 낚시와 패러세일링(Para sailing, 모터보트 등이 끄는 낙하산을 타고 공중으로 날아 오르는 스포츠) 그리고 카누와 카타마란 (Catamaran)배를 타고 돌아 다니면서 찬란한 경치를 볼 수 있다.

또한 이섬에서 나는 해산물로 요리한 음식과 포도주를 제공하는 훌륭한 식당이 많이 있어 맛있는 식사와 음료를 즐길 수 있다. 이곳 바다에는 청대구와 도미 등 여러 종류의 물고기가 많아서 바다낚시 하기에 좋은 곳이다. 이 지역 낚시 가이드는 고기가 많은 장소로 안내하므로 편안하게 낚시를 즐길 수가 있다.

우리가 남태평양 크루즈 여행을 시작한지도 벌써 한 달이 다 되어 가고 있다. 이곳 와이탕기가 우리 크루즈선이 마지막으로 정박한 항구이다. 또 관광도 오늘이면 끝난다. 오늘 선택 관광은 유럽인이 최초로 정착한 곳에 가보고 마우리 민속촌으로 가는 중에 있는 아열대 우림속을 산책한 다음 마우리족의 성지를 방문하는 일정이다. 우리 일행은 아침 7시 배에서 내려 관광버스를 타고 가면서 창밖으로 전개되는 푸른 초원을 감상하면서 갔다. 뉴질랜드 자연은 볼수록 아름답다.

와이탕기 섬 케리케리 마을에 있는 캠프하우스

망기난기나, 카우리 산책로 간판

산림 보호지역에 대한 설명을 듣고 있다

케리케리 마을이 가까운 곳에서 버스가 멈춰 서고 우리는 모두 차에서 내렸다.

이곳에는 뉴질랜드에서 제일 오래된 건물인 켐프하우스와 전도관 돌집이 있다. 강가 언덕 위에 있는 건물 두 채는 주위의 풍경과 어울려 아주 멋지다. 고색이 찬란하고 아름답다.

이와 같은 경치를 놓치지 않으려고 사진을 찍었다. 우리는 다시

산책로에서 우리 일행 한 분이 기념 사진을 찍어 주었다

산책 길을 따라 걷고 있는 아내

망가무카 마을에 있는 마우리족 기념관

버스를 타고 감귤나무 과수원으로 유명한 예쁜 케리케리 마을을 지나 도착한 곳은 아름다운 푸켓티(Puketi)산림이다. 이곳 숲에 있는 나무는 뉴질랜드에서 제일 큰 카우리소나무(Kauri Trees, 뉴질랜드 토착종이고 수지를 채취한다)이며 몇 백 년 된 나무들이다.

1200년 된 나무도 있다고 한다. 우리는 현지 가이드를 따라 걸으면서 아열대의 우림 속을 견학하였다. 이 삼림에는 여러 종류의 식물과 동물이 살고 있다고 한다. 또 식민지시대의 마오리 역사에 대하여도 설명해 주었다.

하늘이 보이지 않을 정도로 나무가 빽빽하고 푸르게 우거진 모양이 장관이다. 모두들 사진을 찍느라 바쁘다. 나도 큰 나무앞에서 기념 사진을 찍었다.

판자로 된 산책로는 지상에서 높이 설치되어 있고 평탄하고 튼튼

건물 안 사방에 있는 무섭게 생긴 조각품들

하다. 색깔도 고운 나무를 깔아서 걷기에 편하고 기분이 상쾌하다. 산책로 중간중간에 넓다란 마루가 있고 의자가 놓여있어 쉬다가 가게 되어 있다.

우리는 의자에 앉아서 공원관리 사무소에서 제공하는 아침 커피와 차를 맛있게 즐겼다. 한 시간 동안의 산책을 마치고 오늘 마지막 관광지인 마오리족 마을로 향해서 떠났다.

망가무카 마라에(Mangamuka Marae)에 있는 이 촌락은 마오리족이 800년 이상 살면서 전통을 이어오고 있는 곳이다. 넓은 정원에는 화려하게 조각된 공회당 건물이 있다. 우리는 버스에서 내려 공회당으로 걸어갔다.

가이드의 주의 사항으로 모자는 벗고 공회당 안으로 들어 갈 때는 신발을 벗어야 된다고 한다. 우리는 조용히 건물 안으로 들어가 의자에 앉았다. 마오리부족 중에 나이가 제일 많은 사람이 나와서 공회당 벽 사방에 있는 조각품 등을 설명했다. 그리고 앞에 나열해 있는 촌장과 가족들을 소개하고 환영행사 첫 순서가 시작되었다.

우리는 앞에서부터 순서대로 앞으로 나가서 촌장과 그 가족 한 사람씩 모두에게 인사를 했는데 서로 친한 사이가 되는 인사법으로 얼굴을 가까이 해서 서로 코가 닿게 하였다. 인사가 모두 끝난 후에 마오리 전통 악기 연주가 있었다. 그리고 카바(Kava)차를 한 잔씩 마신 후에 마을 대표가 나와서 인사말과 마오리 마을 역사를 설명 한 후

괴상한 모습을 한 조각품

에 환영행사가 끝났다.

촌장과 가족들이 나간 후에 우리는 공회당 안을 돌아다니면서 사진을 찍었다. 조각품이 모두 괴상하고 무섭게 생긴 형상들인데 공회당 사방을 메우고 있다. 건물 밖에도 장승처럼 서있는 조각품들이 많이 있다. 뜰에 나와 간식과 음료를 대접받고 이곳을 떠났다.

축하의 글

김소영(맏며느리)

얼마 전 아버님으로부터 남태평양 여행에 관한 책을 출판한다는 소식을 듣고 큰 기대를 갖게 되었습니다. 더욱이 손녀 진주의 그림을 부록으로 곁들이고 싶다는 말씀에 아버님의 손녀 사랑을 느낄 수 있었습니다. 2년 전 땡스기빙 때 수술 이후의 육신의 연약함에도 불구하시고 오랜 여행을 떠나시기에 자녀된 마음으로 마음이 매우 안타까웠던 기억이 납니다.혹시라도 너무 힘드시진 않을까라는 생각으로 머무르시는 곳마다 평안하시기를 기도하며 무사히 돌아오시기를 기다렸습니다. 가끔씩 보내주시는 사진과 메시지를 받았지만 이처럼 아름다운 책으로 나올 줄은 몰랐는데 ....

다시 그 때를 돌아보니 아버님은 참으로 의지가 굳은 분이고 배울 점이 많으심을 다시 한번 알게 되었습니다. 저 또한 그즈음에 예수님을 인격적으로 뜨겁게 만나며 인생의 터닝 포인트 를 지나는 시간이었습니다. 하나님의 창조적 질서와 권위 아래서 아버지라는 존재만으로도 우리 자손들에게는 존경 받아 마땅한 분이심을 깨닫게 해주시는 은혜가 있었습니다.

남태평양 여행을 마치시고 기뻐하시며 활력을 되찾았던 아버님을 기억합니다. 그때의 좋은 추억을 엮은 사진과 글로써 우리들 자녀들과 소통하시길 원하시는 것 같아서 며느리로서 정말 귀한 책 선물을 받는 것 같습니다.

아버님의 건강을 이전보다 더욱 회복시켜 주신 하나님께 감사드립니다. 또한 가족 모두에게 기념이 될 만한 여행 안내서로 나올 수 있도록 인도하신 하나님의 은혜의 열매인 것을 깨닫게 됩니다. 아버님과 어머님의 더욱 아름다운 미래와 끝까지 승리하실 삶의 여정을 계속 기대하며 기도하며 응원하겠습니다.

축복합니다.

사랑합니다. 아버님 어머님

추신

4년 전부터 시작한 매일성경 큐티 본문(2019년 9월 6일)이 마침 요단강을 건넌 후 영원한 기념비를 세우는 부분이었습니다. 아버님의 책 출간에 저의 작은 글을 덧붙이는 것도 우리 가족의 기념비로

인도하시는 성령님의 인도하심이라 믿으며 하나님을 찬양합니다.

"이것이 너희 중에 표징이 되리라 후일에 너희의 자손들이 물어 이르되 이 돌들은 무슨 뜻이냐 하거든 그들에게 이르기를 요단 물이 여호와의 언약궤 앞에서 끊어졌나니 곧 언약궤가 요단을 건널 때에 요단 물이 끊어졌으므로 이 돌들이 이스라엘 자손에게 영원히 기념이 되리라 하라 하니라."

여호수아 4:6~7

2019년 9월 12일

Ben Carson-common app essay

If you are what you eat, then I am unidentified meat parts and congealed fat in a can.Before I was old enough to know that I should be embarrassed to admit to liking Spam, one of my favorite things to eat was my grandma's kid-friendly specialty: fried Spam over steamed rice. When I was two years old, my grandma moved to Ann Arbor to help take care of me and mylittle brother. We stayed at her house every weekend for as long as I can remember. It was cluttered with Bibles, empty pickle jars, and vegetables drying on newspapers. The pungent smell of vinegar and the constant chatter of soap operas on VHS served as a backdrop.

She dressed nicely only on Sundays when she went to church. Otherwise, her wardrobe consisted of a yellow sun visor, a polyester floral top, and jet black track pants. It didn't help that she tugged a granny cart filled with cleaning supplies and kimchi between our houses, as she cleaned both houses despite my mom's insistence on hiring a cleaning lady. One day my mom was mortified when she heard that someone driving by came to a screeching stop and yelled, "Would you like to clean my house too?" However, it didn't bother my grandma at all; she didn't mind what others thought of her.

She no longer has to live like that. Although she suffered growing up during the war, she now can live a comfortable life. She doesn't have to wash and reuse paper towels until they disintegrate into pieces of lint. She doesn't have to keep boiling chicken bones until they are cracked and white as chalk. Watching my grandma on the weekends was a complete contrast to the privileged upper-middle class life that my brother and I lived. We got a taste of a harder life when we were with her. We were brought up with a different perspective, and spending weekends with her was like being transported back in time. There was an old-school mood about her. She never complained. She never needed help. She always worked by herself. She never let anything go to waste. However, she is one of the happiest and most content people I know. She finds pleasure in her work, and she enjoys the simple parts of life. Watching her, I learned that one doesn't need material possessions to be happy.

Her character largely shaped mine. She helps others quietly, and she works hard every day. I watched her wake up at dawn to do yard work before coming back inside in time to make us breakfast. She was always organized and prepared. Even though her house appeared to us to be a complete mess, she always knew where everything was. It amazed me every time she quickly pulled something that I spent an hour looking for from under piles of items. She was always looking ahead. While she was chopping vegetables in the morning so they were ready for dinner, I was sorting my Legos for whatever I wanted to create later.

As I got older, I saw she had a powerful influence in her community despite being quiet and unobtrusive. She would bring hot soup to sick neighbors and take a stroll around the block picking up trash. Like her, I am not comfortable in the spotlight. I'm much more comfortable playing defense in sports, more comfortable playing bass than lead guitar, and more comfortable contributing to class discussions only when I have something of value to add. I used to think that leaders and influencers need to be highly visible and commanding, even dominating. Through my grandma, I've learned that sometimes the most valued members of a community are not always the most visible or audible. While I am made up of Spam, I'm made up of parts of my grandma too.

자녀들과 함께하는 행복한 시간

손녀 김진주 작품

South Pacific Tour

크루즈선으로 15개 섬 다녀온 이야기

남태평양 어떤 곳인가

■
초판 1쇄 인쇄 / 2019년 10월 4일
초판 1쇄 발행 / 2019년 10월 11일

■
지은이 / 김 사 백
펴낸이 / 민 병 문
펴낸곳 / 새한기획 출판부

편집처 / 아침향기
편집주간 / 강 신 억

■
04542 서울 중구 수표로 67 천수빌딩 1106호
Tel • (02)2274-7809 • 2272-7809
Fax • (02)2279-0090
E.mail • saehan21@chollian.net

■
미국사무실 • The Freshdailymanna
2640 Manhattan Ave. Montrose, CA 91020
☏ 818-970-7099
E.mail • freshdailymanna@hotmail.com

■
출판등록번호 / 제 2-1264호
출판등록일 / 1991. 10. 21

정가 20,000원

ISBN 979-11-88521-18-0 13980

Printed in Korea